ÁPIS DIVERTIDO

MATEMÁTICA

ESTE MATERIAL PODERÁ SER DESTACADO E USADO PARA AUXILIAR O ESTUDO DE ALGUNS ASSUNTOS VISTOS NO LIVRO.

NOME: ______________________ TURMA: __________

ESCOLA: ______________________

editora ática

Fichas (página 26)

Dinheiro (página 39)

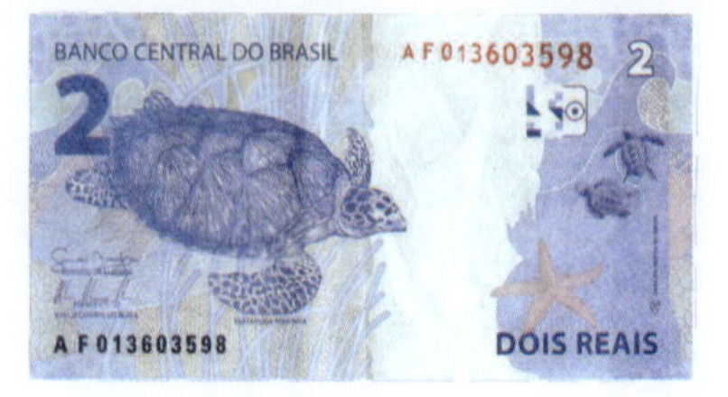

Reprodução/Casa da Moeda do Brasil/Ministério da Fazenda

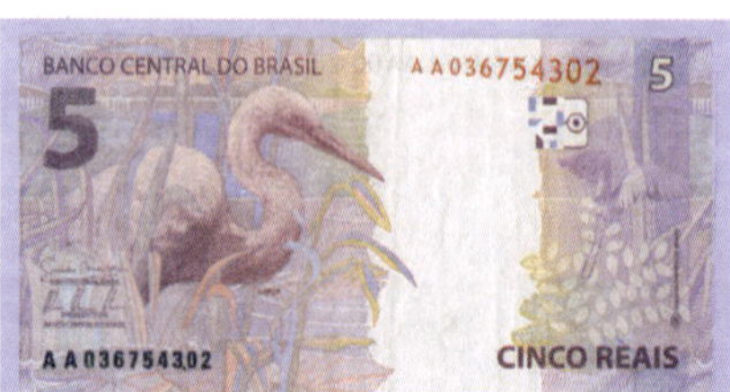

Reprodução/Casa da Moeda do Brasil/Ministério da Fazenda

BANCO CENTRAL DO BRASIL
A A036754302
5
CINCO REAIS

BANCO CENTRAL DO BRASIL
A A036754302
5
CINCO REAIS

BANCO CENTRAL DO BRASIL
A A036754302
5
CINCO REAIS

BANCO CENTRAL DO BRASIL
A A036754302
5
CINCO REAIS

BANCO CENTRAL DO BRASIL
A A036754302
5
CINCO REAIS

BANCO CENTRAL DO BRASIL
A A036754302
5
CINCO REAIS

BANCO CENTRAL DO BRASIL
A F041679634
10
DEZ REAIS

BANCO CENTRAL DO BRASIL
A F041679634
10
DEZ REAIS

BANCO CENTRAL DO BRASIL
A F041679634
10
DEZ REAIS

BANCO CENTRAL DO BRASIL
A F041679634
10
DEZ REAIS

BANCO CENTRAL DO BRASIL
A F041679634
10
DEZ REAIS

BANCO CENTRAL DO BRASIL
A F041679634
10
DEZ REAIS

BANCO CENTRAL DO BRASIL
A F041679634
10
DEZ REAIS

BANCO CENTRAL DO BRASIL
A F041679634
10
DEZ REAIS

Reprodução/Casa da Moeda do Brasil/Ministério da Fazenda

BANCO CENTRAL DO BRASIL
10
A F 041679634
DEZ REAIS

BANCO CENTRAL DO BRASIL
10
A F 041679634
DEZ REAIS

BANCO CENTRAL DO BRASIL
50
C A 017267290
CINQUENTA REAIS

BANCO CENTRAL DO BRASIL
20
A E 015088398
VINTE REAIS

BANCO CENTRAL DO BRASIL
50
C A 017267290
CINQUENTA REAIS

BANCO CENTRAL DO BRASIL
20
A E 015088398
VINTE REAIS

BANCO CENTRAL DO BRASIL
50
C A 017267290
CINQUENTA REAIS

BANCO CENTRAL DO BRASIL
20
A E 015088398
VINTE REAIS

BANCO CENTRAL DO BRASIL
50
C A 017267290
CINQUENTA REAIS

BANCO CENTRAL DO BRASIL
20
A E 015088398
VINTE REAIS

BANCO CENTRAL DO BRASIL
50
C A 017267290
CINQUENTA REAIS

BANCO CENTRAL DO BRASIL
20
A E 015088398
VINTE REAIS

Reprodução/Casa da Moeda do Brasil/Ministério da Fazenda

BANCO CENTRAL DO BRASIL
100
C A 051246001

C A051246001 100
CEM REAIS

BANCO CENTRAL DO BRASIL
100
C A 051246001

C A051246001 100
CEM REAIS

BANCO CENTRAL DO BRASIL
100
C A 051246001

C A051246001 100
CEM REAIS

BANCO CENTRAL DO BRASIL
100
C A 051246001

C A051246001 100
CEM REAIS

BANCO CENTRAL DO BRASIL
100
C A 051246001

C A051246001 100
CEM REAIS

BANCO CENTRAL DO BRASIL
100
C A 051246001

C A051246001 100
CEM REAIS

BANCO CENTRAL DO BRASIL
100
C A 051246001

C A051246001 100
CEM REAIS

BANCO CENTRAL DO BRASIL
100
C A 051246001

C A051246001 100
CEM REAIS

BANCO CENTRAL DO BRASIL
100
C A 051246001

C A051246001 100
CEM REAIS

BANCO CENTRAL DO BRASIL
100
C A 051246001

C A051246001 100
CEM REAIS

Envelope para nosso dinheiro (página 39)

Guarde aqui o nosso dinheiro e escreva seu nome.

Nome: ______________________________

Montado:

Dobre

Cole

Cubo (página 60)

Bloco retangular ou paralelepípedo (página 60)

Prisma de base triangular (página 60)

Montado:

Dobre

Cole

Prisma de base pentagonal (página 60)

Pirâmide de base quadrada (página 60)

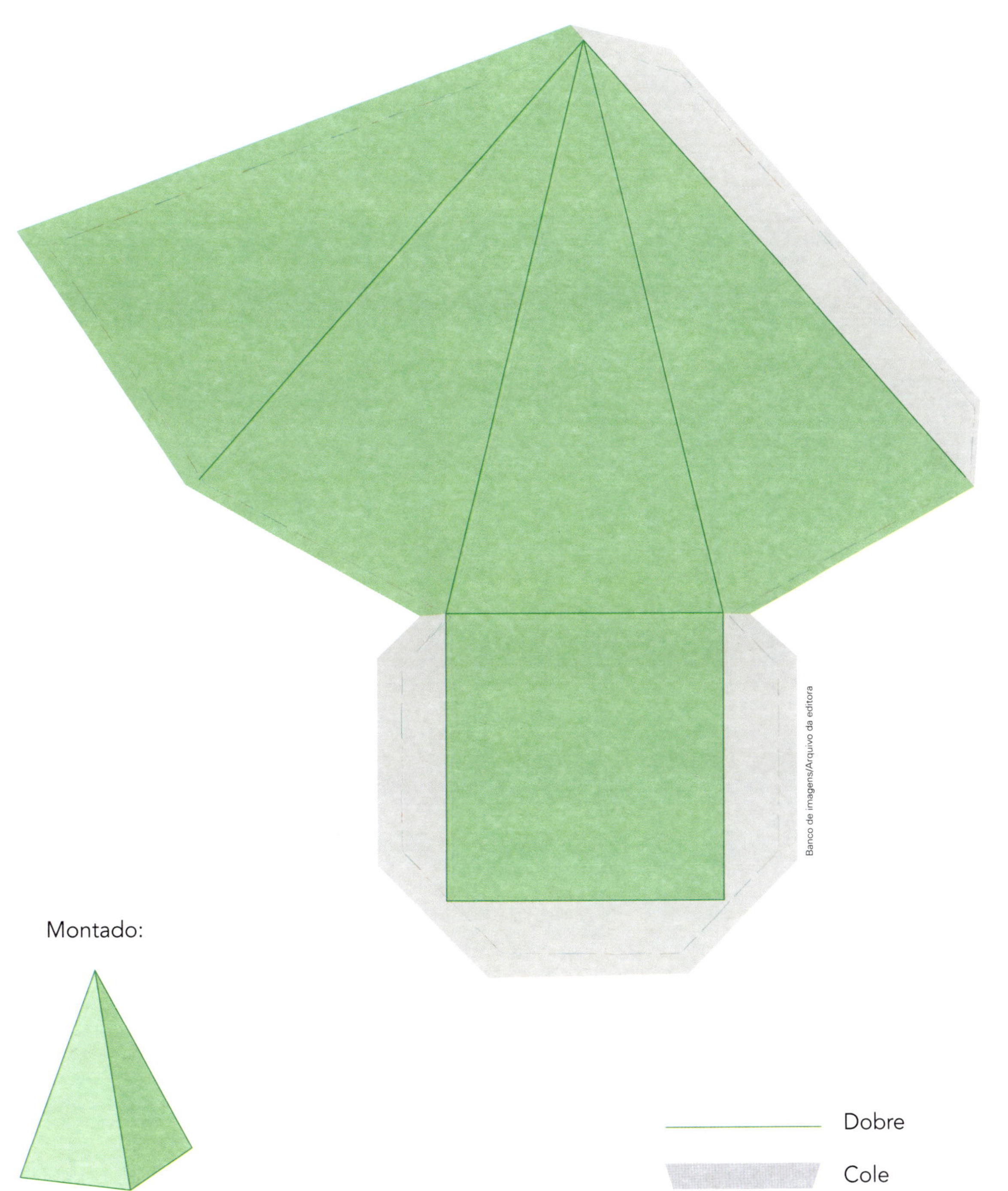

Pirâmide de base triangular (página 60)

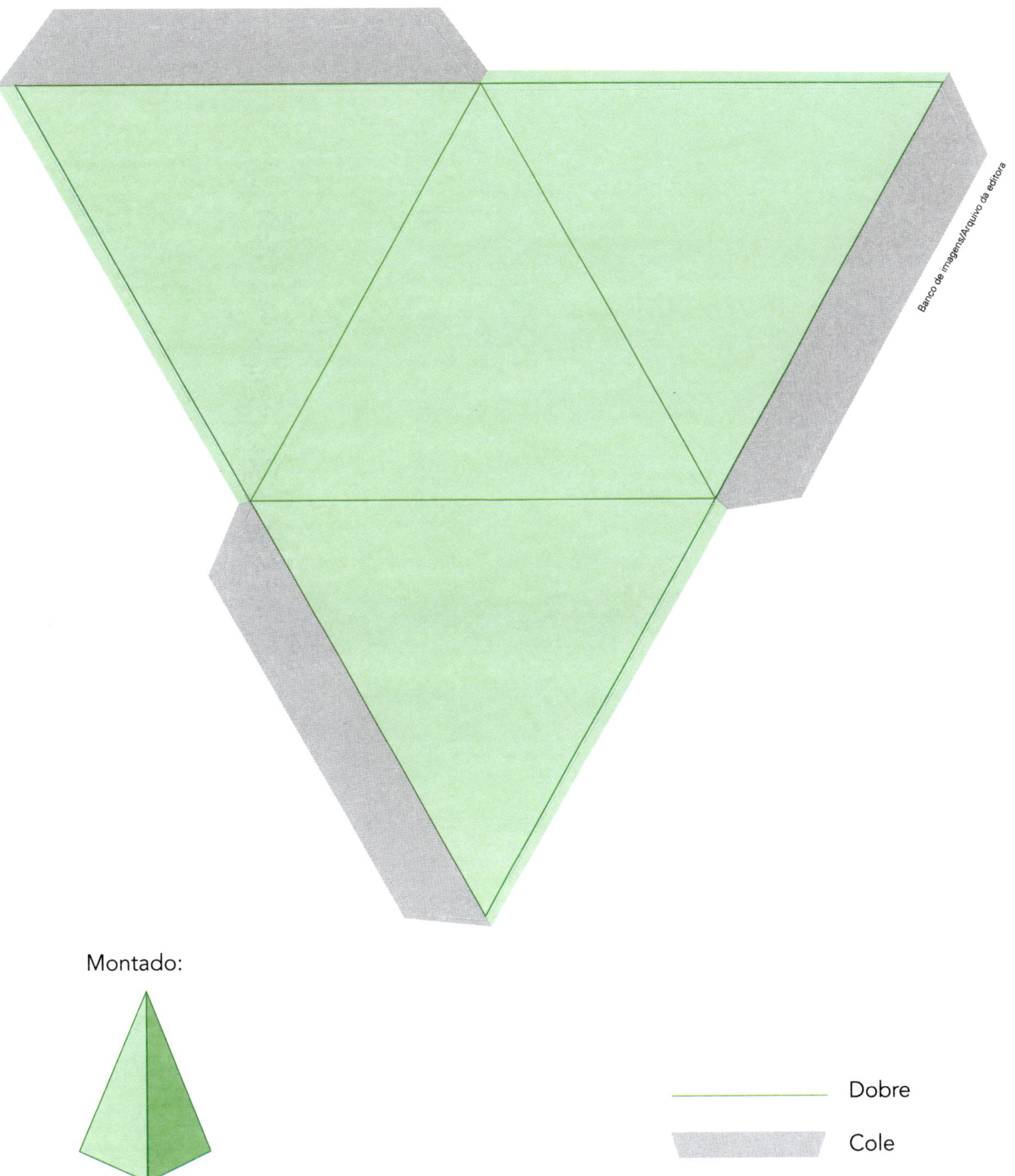

Montado:

Dobre

Cole

Cilindro (página 60)

Banco de imagens/Arquivo da editora

Montado:

Dobre

Cole

Cole

Cone (página 60)

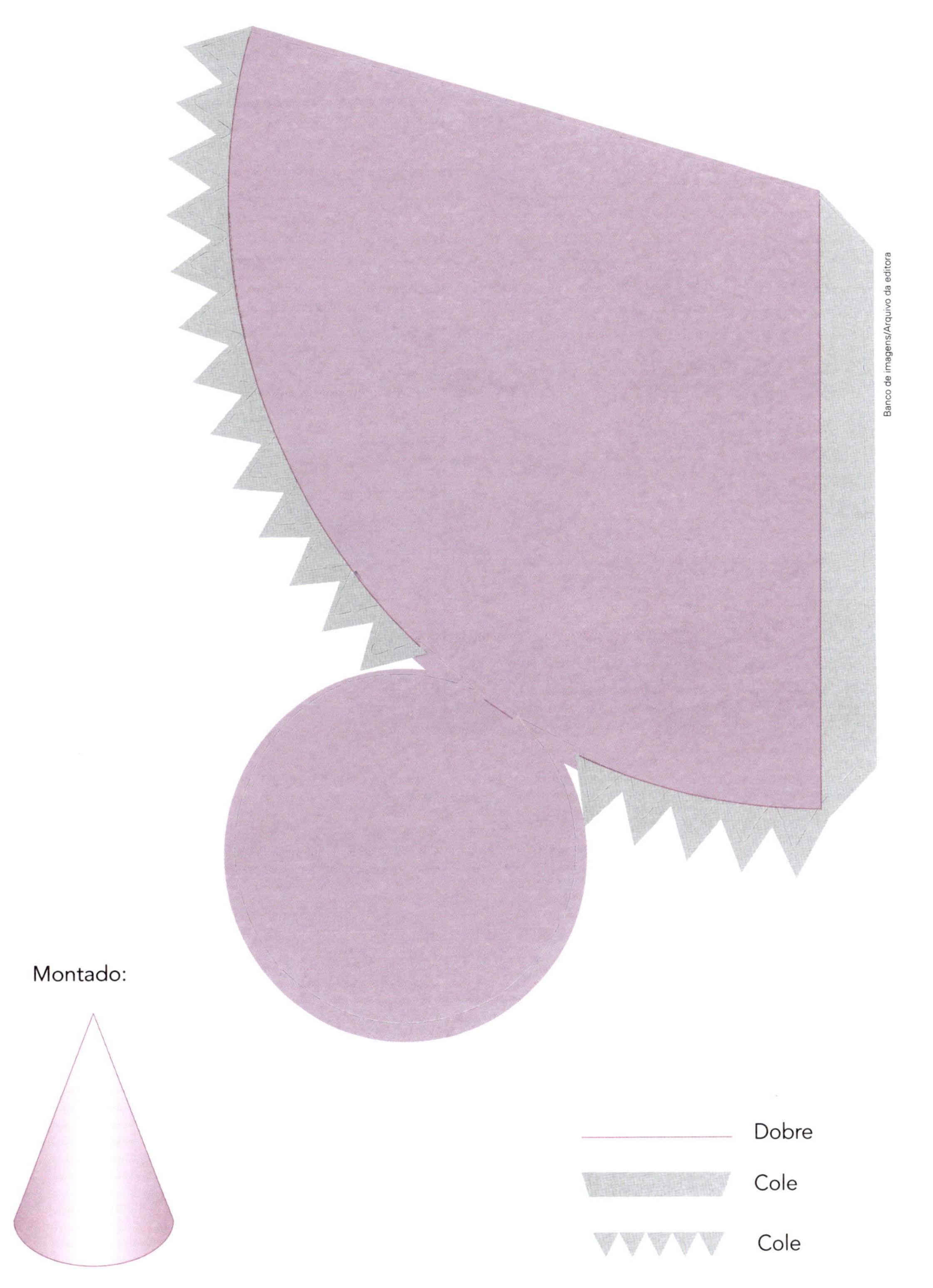

Regiões planas (página 119)

Envelope para as regiões planas (página 119)

Guarde aqui as regiões planas e escreva seu nome.

Nome: ______________________________

Montado:

Dobre

Cole

Regiões planas (página 120)

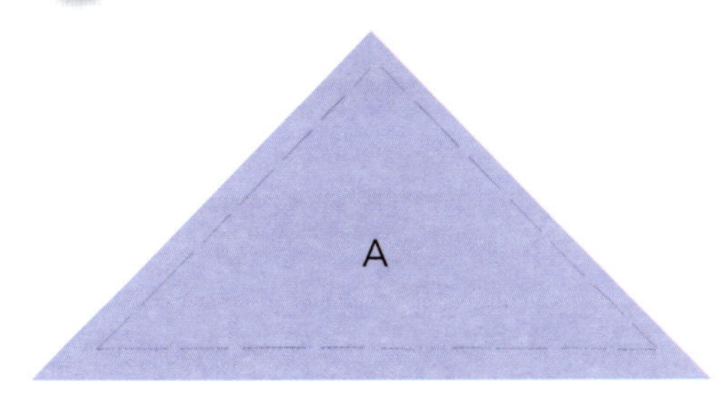

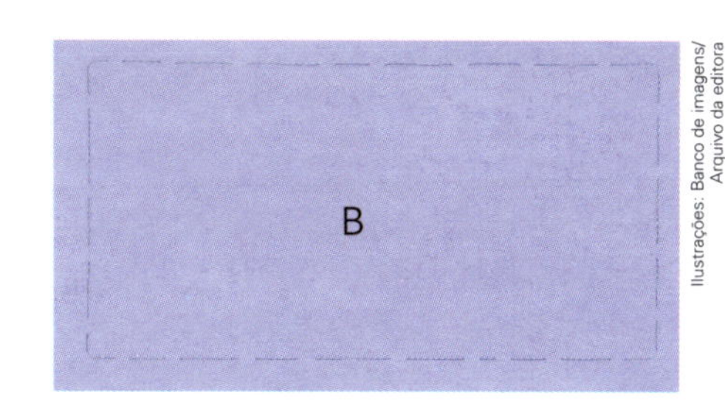

Ilustrações: Banco de imagens/ Arquivo da editora

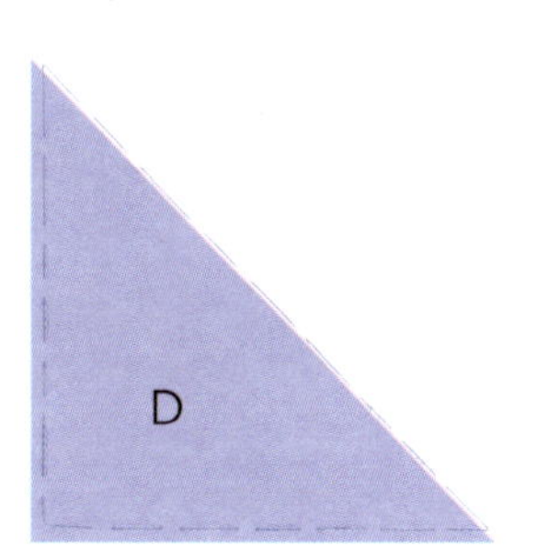

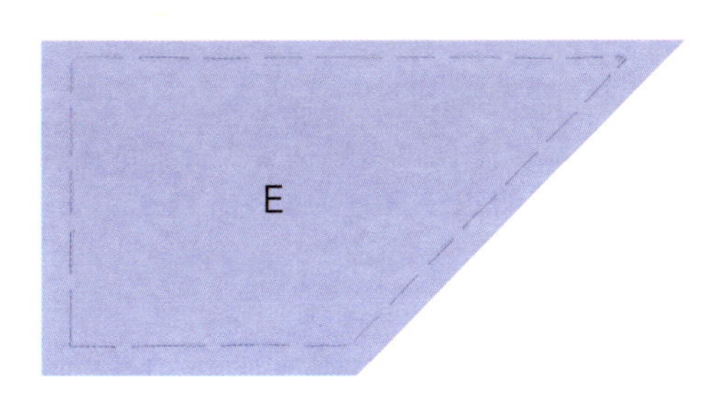

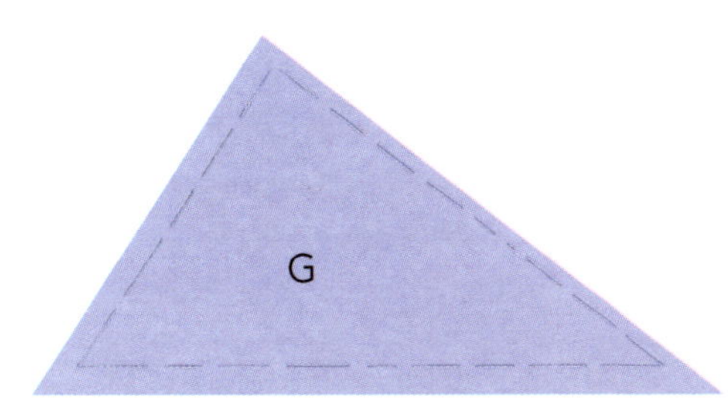

Tangram (página 122)

Banco de imagens/Arquivo da editora

Envelope para o tangram (página 122)

Guarde aqui o tangram e escreva seu nome.

Nome: ______

Montado:

Dobre

Cole

Simetria (página 128)

Ilustrações: Dam Ferreira/Arquivo da editora

Roleta para o jogo "Fixando as tabuadas" (página 172)

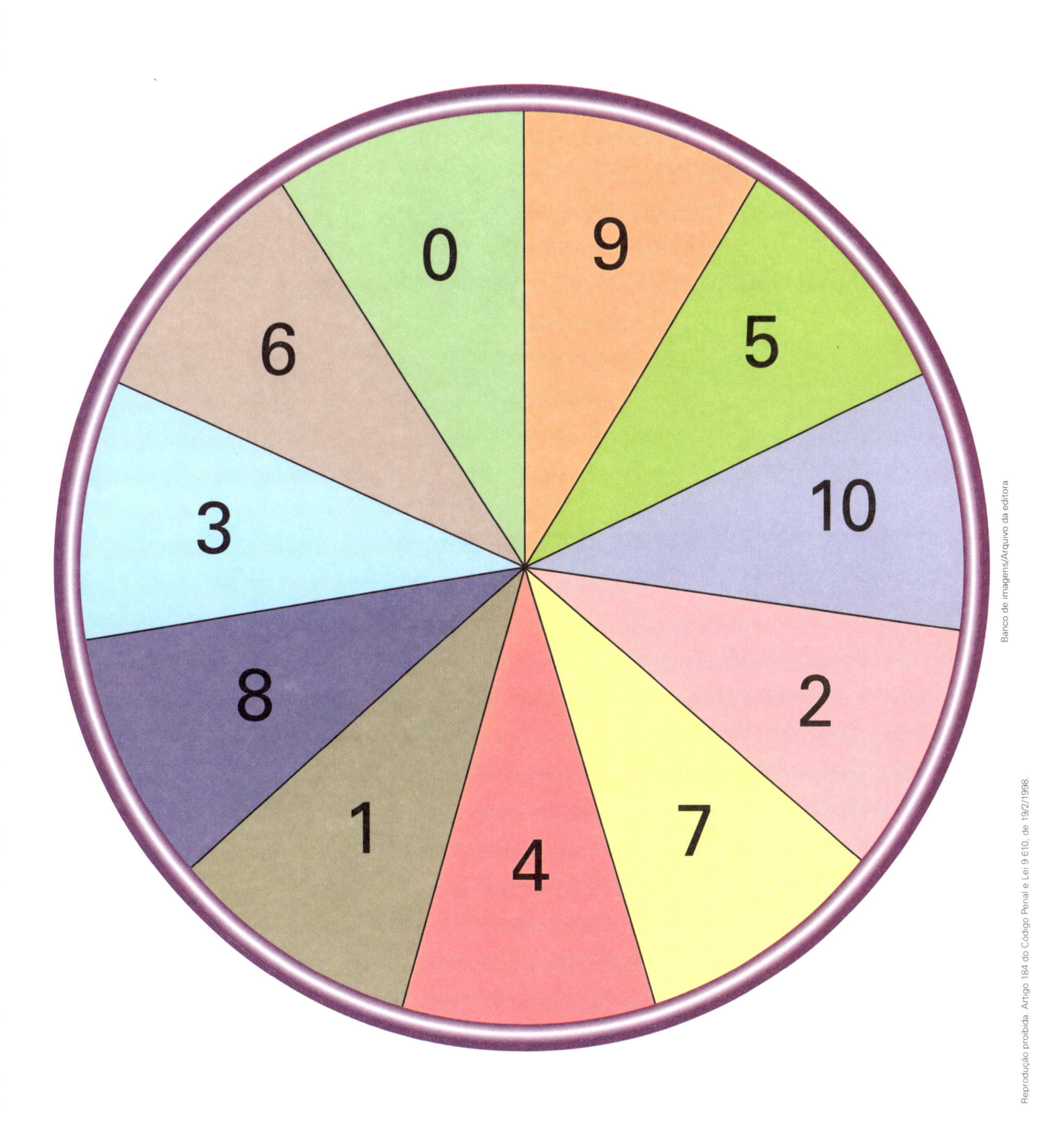

Banco de imagens/Arquivo da editora

Relógio (página 192)

Ilustrações: Banco de imagens/Arquivo da editora

Tabuleiro para o jogo "Compras na Lojinha Ápis" (página 207)

Estúdio 22/Arquivo da editora

Cartas para o jogo "Compras na Lojinha Ápis" (página 207)

Calculadora.

R$ 13,00

DVD.

R$ 15,00

Bermuda.

R$ 18,00

Livro.

R$ 12,00

Mochila.

R$ 15,00

Estojo.

R$ 9,00

Agenda.

R$ 15,00

Bola.

R$ 10,00

Camiseta.

R$ 12,00

Caderno.

R$ 8,00

Boneca.

R$ 16,00

CD.

R$ 14,00

Ilustrações: Estúdio 22/Arquivo da editora

Calculadora.
R$ 13,00

DVD.
R$ 15,00

Bermuda.
R$ 18,00

Livro.
POESIAS
R$ 12,00

Mochila.
R$ 15,00

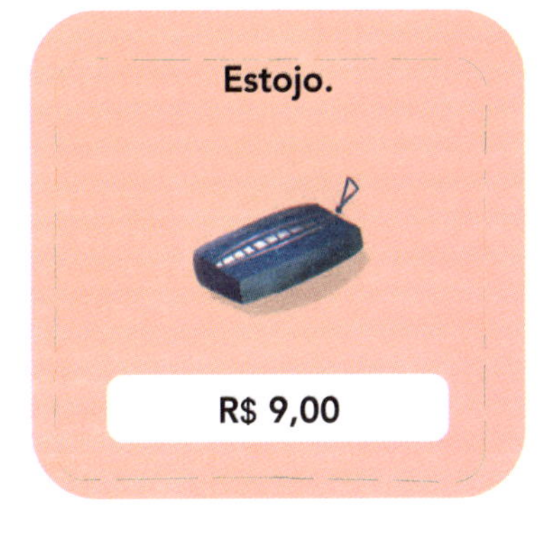
Estojo.
R$ 9,00

Agenda.
AGENDA
R$ 15,00

Bola.
R$ 10,00

Camiseta.
10
R$ 12,00

Caderno.
R$ 8,00

Boneca.
R$ 16,00

CD.
R$ 14,00

Peões e dado para o jogo "Compras na Lojinha Ápis" (página 207)

Dobre

Cole

Cole

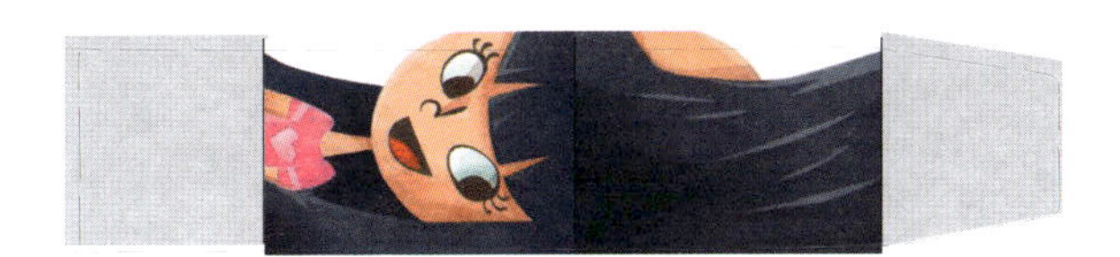

Montado:

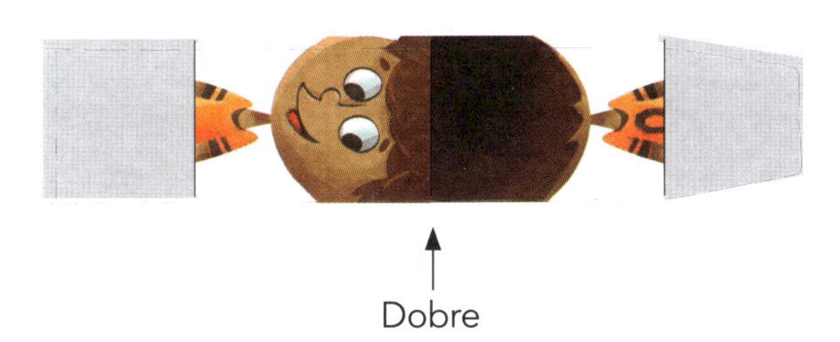

Dobre

Montado:

Dobre

Cole

Ilustrações: Estúdio 22/Arquivo da editora

Fichas de compra para o jogo "Compras na Lojinha Ápis" (página 207)

Lojinha Ápis

Nome:

Produtos	Valores (R$)

Total:

Lojinha Ápis

Nome:

Produtos	Valores (R$)

Total:

Lojinha Ápis

Nome:

Produtos	Valores (R$)

Total:

Lojinha Ápis

Nome:

Produtos	Valores (R$)

Total:

Lojinha Ápis

Nome:

Produtos	Valores (R$)

Total:

Lojinha Ápis

Nome:

Produtos	Valores (R$)

Total:

Lojinha Ápis

Nome:

Produtos	Valores (R$)

Total:

Lojinha Ápis

Nome:

Produtos	Valores (R$)

Total:

CADERNO DE ATIVIDADES

MATEMÁTICA

NOME: ______________________________ TURMA: ____________

ESCOLA: ______________________________

Sumário

Unidade 1 ▸ Números até 1 000 3
Unidade 2 ▸ Sólidos geométricos 9
Unidade 3 ▸ Adição e subtração 15
Unidade 4 ▸ Regiões planas e contornos 23
Unidade 5 ▸ Multiplicação 29
Unidade 6 ▸ Grandezas e medidas: intervalo de tempo e dinheiro 39
Unidade 7 ▸ Divisão 47
Unidade 8 ▸ Grandezas e medidas: comprimento, massa e capacidade 56
Unidade 9 ▸ Números maiores do que 1 000 64

As atividades a seguir o ajudam a lembrar, compreender e fixar os vários assuntos estudados nas Unidades do livro.

Números até 1000

1 Junte-se com um colega e inventem símbolos ou códigos para representar as quantidades dos objetos a seguir.

As imagens não estão representadas em proporção.

a)

Jan Martin Will/Shutterstock

b)

Subject Photo/Shutterstock

c)

AlenKadr/Shutterstock

2 Indique como cada número está sendo usado. Escreva **contagem**, **medida**, **código**, **posição** ou **ordem**.

a) 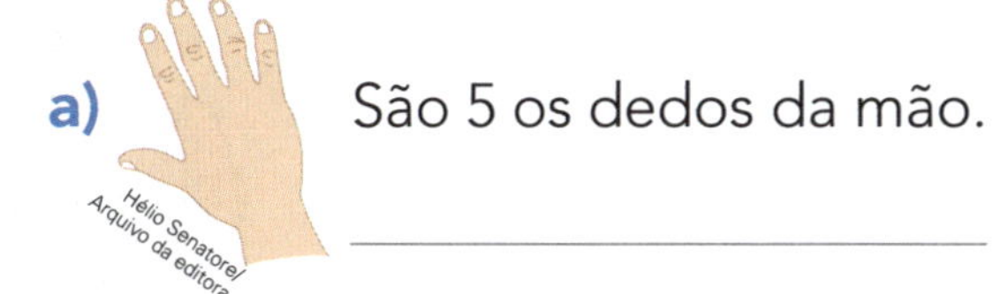

Hélio Senatore/Arquivo da editora

São 5 os dedos da mão.

___

b) Outubro é o 10º mês do ano.

___

___

c) Foram transportadas 5 toneladas de minério.

___

d) O carro percorreu 30 km.

___

e) Uma semana tem 7 dias.

___

Hélio Senatore/Arquivo da editora

f) 

Esta é a placa do carro do pai de João.

___

3 Usando apenas os algarismos 3, 8 e 6, forme todos os possíveis números de 2 algarismos.

4 **POSSIBILIDADES**

Em um camarim, três amigas, Ana, Bete e Carla, vão escolher suas roupas para uma apresentação de balé. O guarda-roupa contém três blusas e três saias nas cores branca, rosa e verde. Veja as preferências de cada uma.

Além disso, veja, ao lado, o que disse a professora Helena.

Descubra as cores da saia e da blusa que cada uma das três meninas escolheu e complete a tabela. (Uma dica: comece pela saia de Ana.)

Guarda-roupa das três amigas

	Ana	Bete	Carla
Cor da blusa			
Cor da saia			

Tabela elaborada para fins didáticos.

5 CÁLCULO MENTAL

Complete.

a) 70 − 40 = ______

b) 65 + 5 = ______

c) 37 − 30 = ______

d) 29 + 4 = ______

6 Observe os termômetros a seguir e responda.

As imagens não estão representadas em proporção.

A

Cesar Diniz/Pulsar Imagens

B

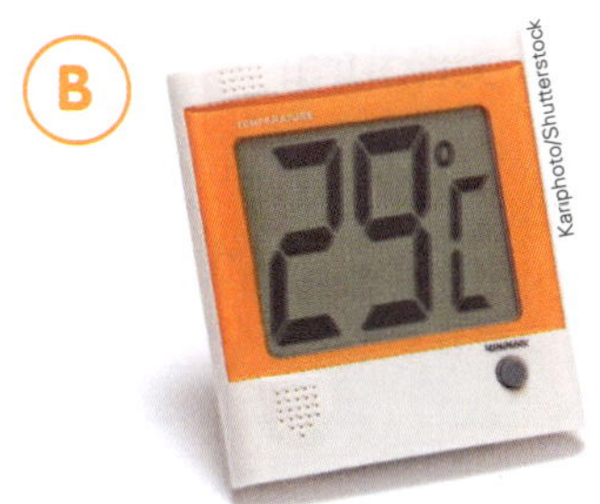

Kanphoto/Shutterstock

a) Qual dos dois termômetros apresenta maior temperatura? ______

b) Qual é a diferença de temperatura dos termômetros **A** e **B**? ______

7 Complete os números que faltam em cada sequência numérica.

6	7	8		

		41	42	43

		71	72	73		

96	97	98		

8 Escreva o número correspondente.

a)

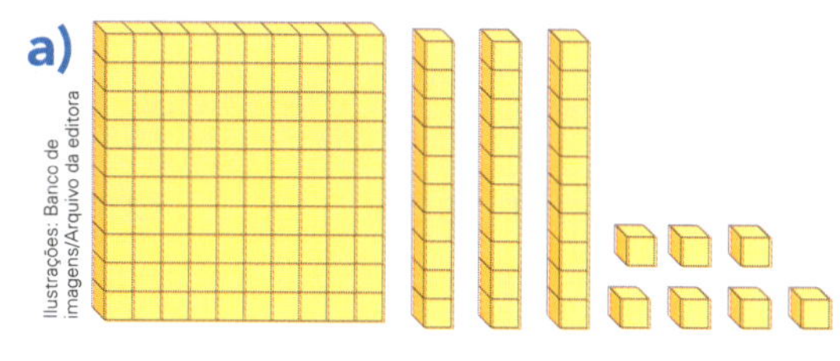

Ilustrações: Banco de imagens/Arquivo da editora

______ cubinhos

b)

Reprodução/Casa da Moeda do Brasil/Ministério da Fazenda

______ reais

c) 100 + 40 → ______

d) 1 centena e 8 unidades → ______

e) Cento e setenta e um → ______

Unidade 1

Caderno de atividades

9 Complete.

a) 1 centena = _______ unidades

b) 1 dezena = _______ unidades

c) 1 centena = _______ dezenas

d) 100 unidades = _______ dezenas

10 **DESLOCAMENTO E MEDIDA DE COMPRIMENTO**

As imagens não estão representadas em proporção.

Observe os 3 caminhos que o coelho tem para chegar até a cenoura.

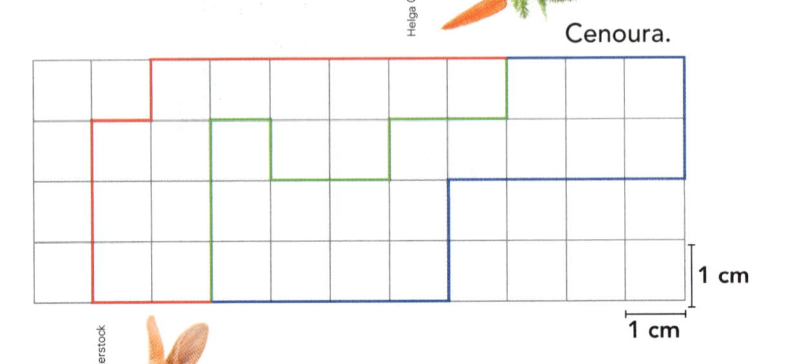

Cenoura.

Coelho.

a) Faça uma estimativa: qual deles é o mais curto?

____

b) Agora, calcule e verifique se sua estimativa estava correta.

c) Complete: O caminho mais longo é o de cor

_______________.

d) Descreva o trajeto que o coelho deve fazer para chegar até a cenoura pelo caminho mais longo: O coelho deve andar _______ cm para _______________, virar e andar _______ cm para _______________, virar e andar _______ cm para _______________, virar e andar _______ cm para _______________ e virar e andar _______ cm para _______________.

11 Descubra um padrão e complete a sequência de cada item.

a) 900, 800, 700, _______, _______, _______, _______, _______, _______.

b) 250, 350, 450, _______, _______, _______, _______, _______.

12 **CÁLCULO MENTAL**

Efetue mentalmente as operações.

a) 200 + 300 = _______

b) 800 − 500 = _______

c) 200 + 100 + 500 = _______

d) 700 − 600 = _______

13 Escreva os números abaixo em ordem crescente.

As imagens não estão representadas em proporção.

342 423 324 243 234 432 300

____

14 Observe o dinheiro que Marisa tem e o preço da batedeira.

Reprodução/Casa da Moeda do Brasil/Ministério da Fazenda

R$ 135,00

Vblinov/Shutterstock

a) Com essa quantia ela pode comprar a batedeira? ______________

b) Quanto vai faltar ou sobrar? ______________

15 **a)** Escreva todos os números de três algarismos usando 4, 1 e 7, sem repeti-los.

____

b) Indique o maior e o menor deles. ______________

c) Sorteando um desses números:

- há maior chance de sair um número par ou um número ímpar? Por quê?

____

____

- há menor de chance de sair um número maior do que 300 ou menor do que 300? Por quê?

____

____

16 Complete.

a) O sucessor de 999: ______________.

b) O antecessor de 324: ______________.

c) 490 é o ______________ de 489.

d) ______________ é o antecessor de 800.

17 Pinte apenas os quadrinhos que têm números ímpares.

6 27 141 302 999 9 80 495 783

18 Observe as seis notas abaixo.

As imagens não estão representadas em proporção.

Pedro ficou com três notas, Mara ficou com as outras três notas e ambos ficaram com quantias iguais.

Indique os valores das notas de cada um.

☐ ☐ ☐ ________	☐ ☐ ☐ ________

19 Faça a composição e determine cada número.

a) $200 + 80 + 6 =$ ________

b) $700 + 50 =$ ________

c) $300 + 60 + 9 =$ ________

d) $800 + 8 =$ ________

20 Decomponha cada um dos números em centenas exatas, dezenas exatas e unidades.

a) $349 =$ ________________

b) $975 =$ ________________

c) $518 =$ ________________

d) $640 =$ ________________

21 Escreva como se lê cada número da atividade anterior.

a) ______ → ________________________________

b) ______ → ________________________________

c) ______ → ________________________________

d) ______ → ________________________________

22 Escreva o valor posicional do algarismo grifado em cada número.

a) $\underline{2}36$ ________

b) $75\underline{3}$ ________

c) $8\underline{4}1$ ________

d) $\underline{5}89$ ________

e) $\underline{6}66$ ________

f) $\underline{8}9$ ________

Sólidos geométricos

1 Escreva o nome do sólido geométrico.

As imagens não estão representadas em proporção.

Depois, ligue-o ao objeto ou construção que tem a forma parecida.

a)

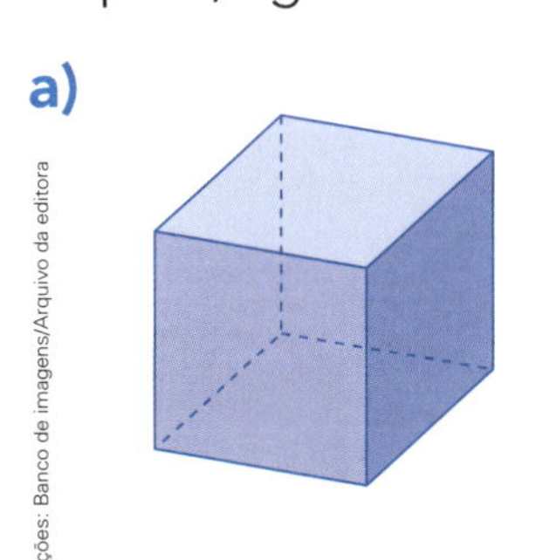

Ilustrações: Banco de imagens/Arquivo da editora

____

Arunas Gabalis/Shutterstock

Bola de basquetebol.

b)

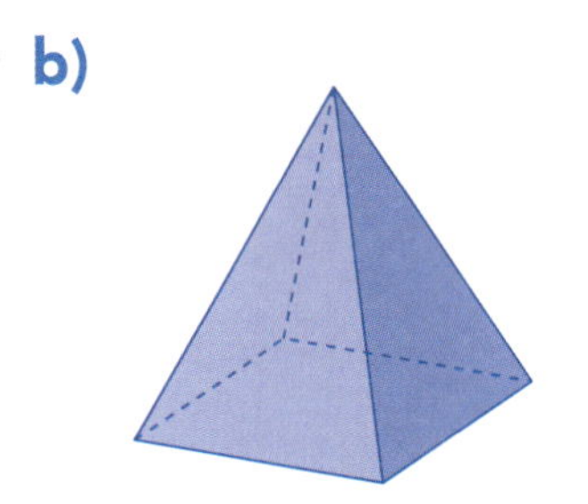

____

HomeStudio/Shutterstock

Dado.

c)

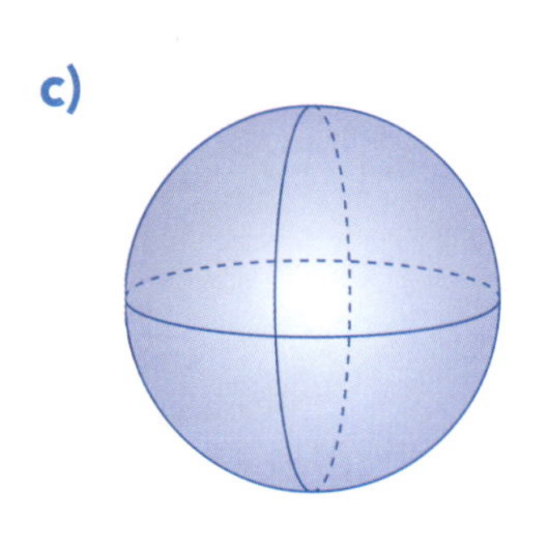

____

A40757/Shutterstock

Edifício.

d)

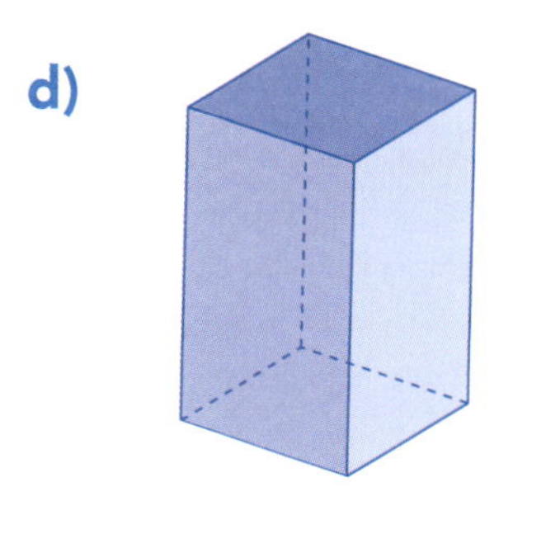

____

Pixel-Shot/Shutterstock

Barraca de acampamento.

e)

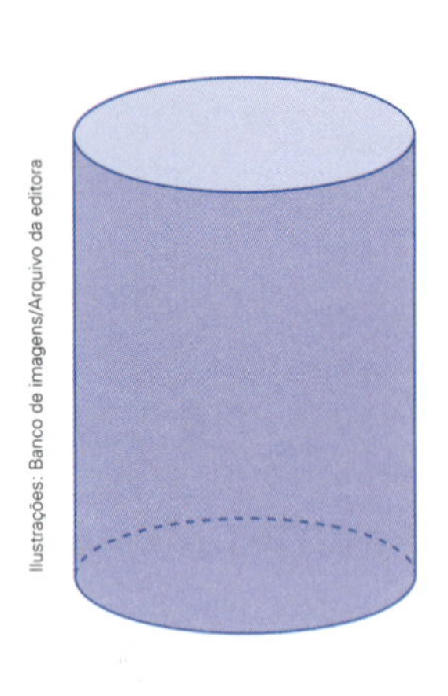

Ilustrações: Banco de imagens/Arquivo da editora

As imagens não estão representadas em proporção.

Resul Muslu/Shutterstock

Calendário.

____

f)

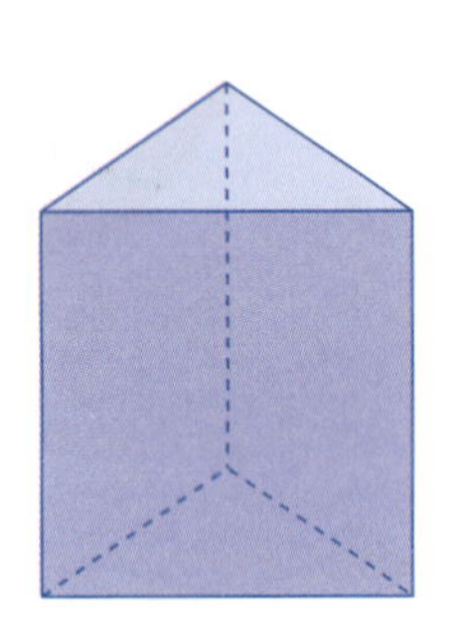

Saiko3p/Shutterstock

Lata.

____

g)

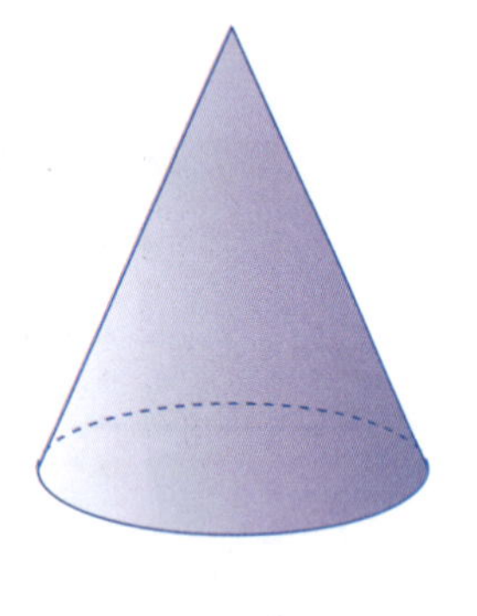

Vetkit/Shutterstock

Chapéu de festa.

____

2 Considere os sólidos geométricos da atividade 1 e indique a letra de cada um nos itens abaixo.

a) Os que podem rolar → ______________

b) Os que têm só faces planas → ______________

c) Os que têm pelo menos uma face circular → ______________

d) Os que têm menos do que 10 arestas → ______________

3 VÉRTICES, FACES E ARESTAS

Registre os números em cada item.

a) Neste cubo há:

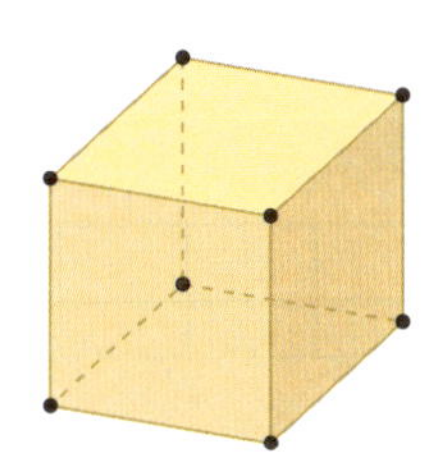

_______ vértices,

_______ faces e

_______ arestas.

b) Neste paralelepípedo há:

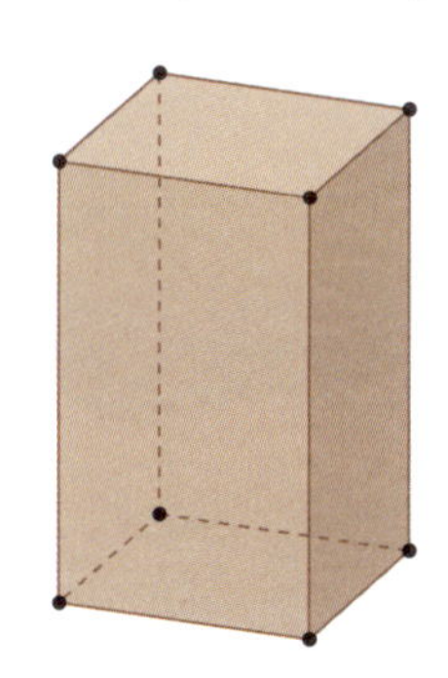

_______ vértices,

_______ faces e

_______ arestas.

c) Neste prisma há:

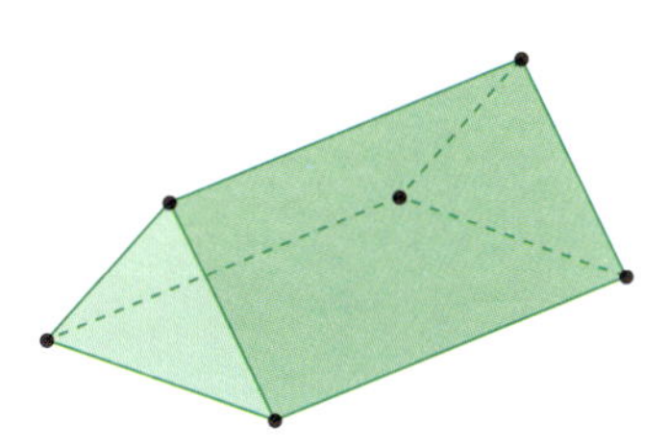

_______ vértices,

_______ faces e

_______ arestas.

d) Neste prisma há:

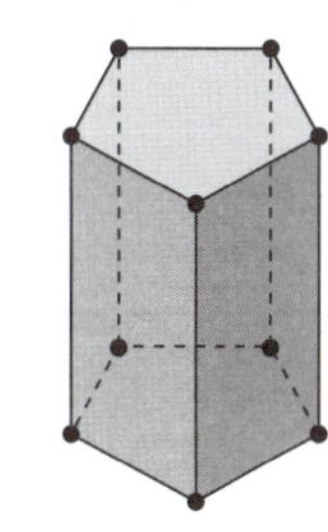

Ilustrações: Banco de imagens/Arquivo da editora

_______ vértices,

_______ faces e

_______ arestas.

e) Nesta pirâmide há:

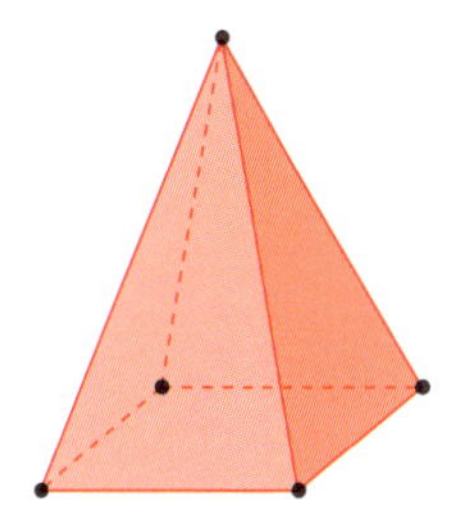

_______ vértices,

_______ faces e

_______ arestas.

f) Nesta pirâmide há:

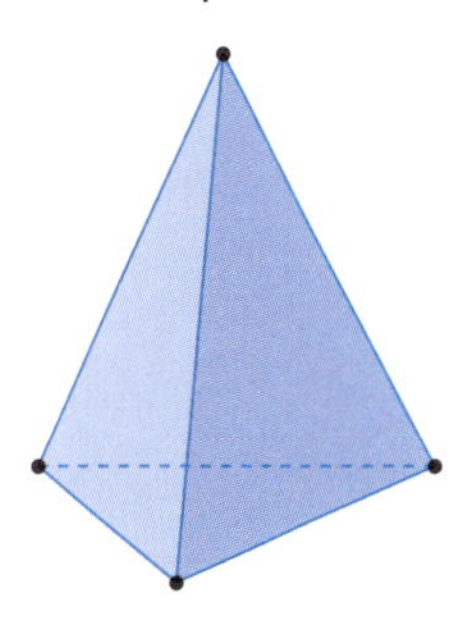

_______ vértices,

_______ faces e

_______ arestas.

4 CRUZADINHA

Escreva os nomes dos sete sólidos geométricos desenhados abaixo, com uma letra em cada quadrinho.

Atenção para as cores dos sólidos e das setas.

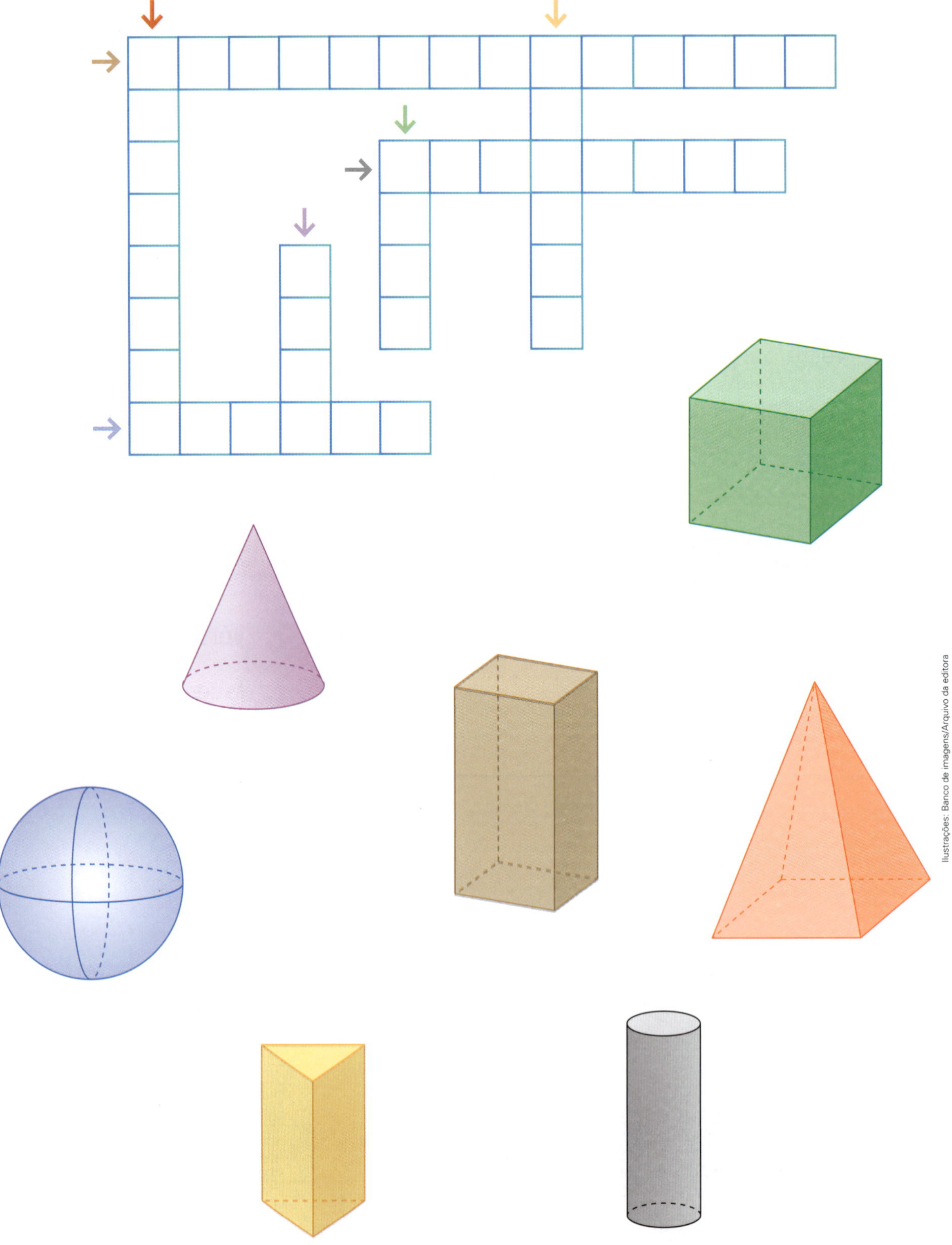

5 SEMELHANÇAS E DIFERENÇAS

Em cada item faça um levantamento do que é pedido.

a) Cubo  Cilindro

Uma semelhança:

____

____

Duas diferenças: 

____

____

c) Cone Esfera

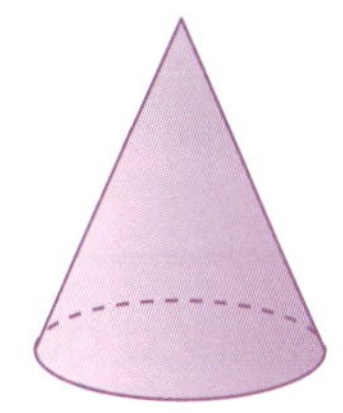

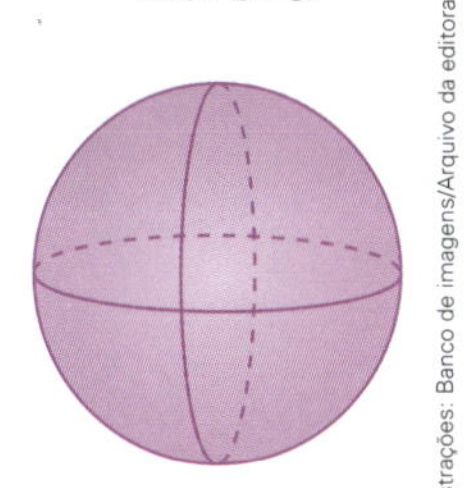

Ilustrações: Banco de imagens/Arquivo da editora

Duas semelhanças: 

____

____

Uma diferença:

____

____

b) Pirâmide Prisma

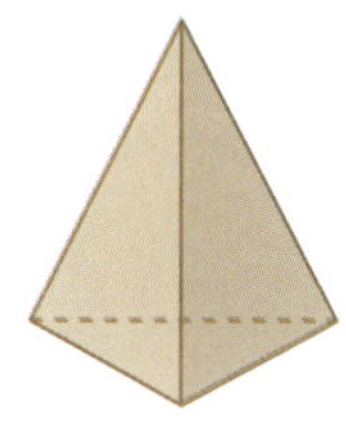

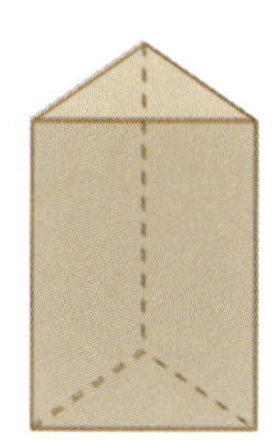

Duas semelhanças:

____

____

____

Duas diferenças:

____

____

____

____

d) Paralelepípedo  Cubo 

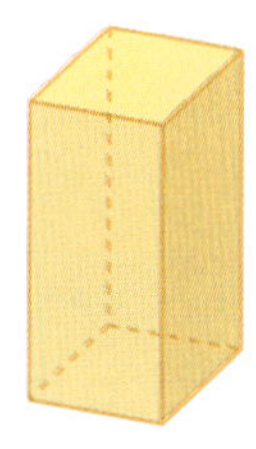

Duas semelhanças:

____

____

____

Duas diferenças:

____

____

____

____

6 Observe, descubra e assinale.

a) O sólido geométrico que **não é** um cubo.

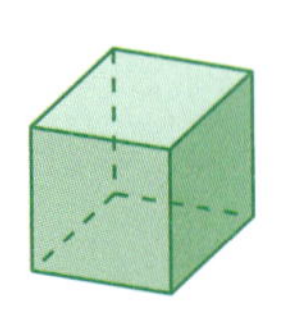 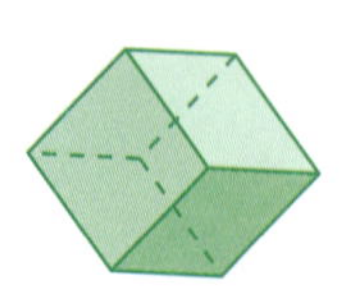 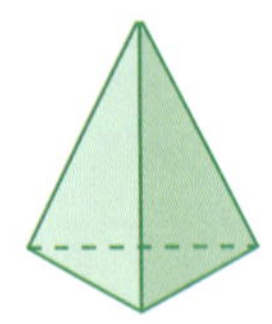 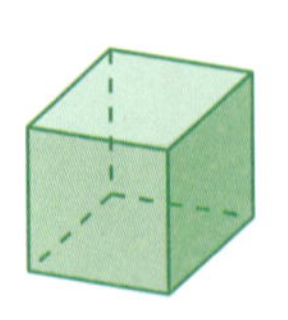 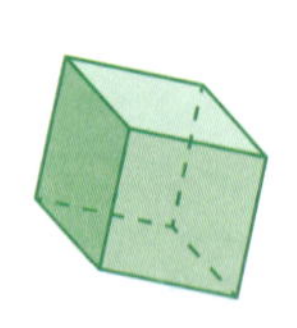

Ilustrações: Banco de imagens/ Arquivo da editora

b) O sólido geométrico que **é** um cilindro.

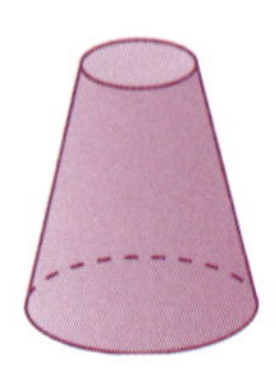 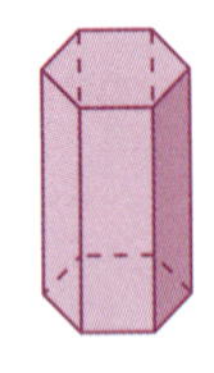 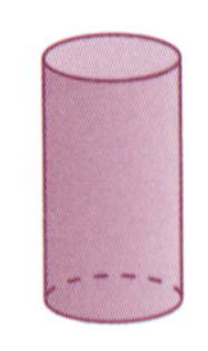 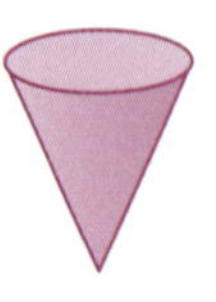 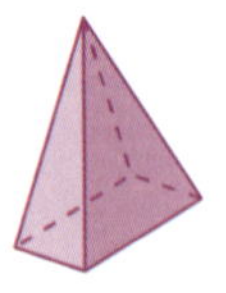

c) O sólido geométrico que **tem** exatamente 8 arestas.

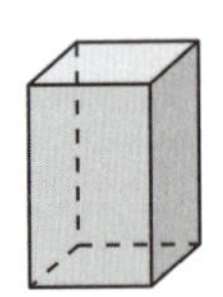 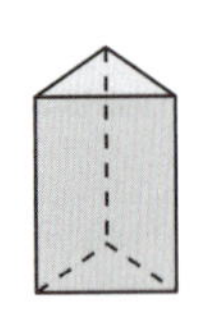 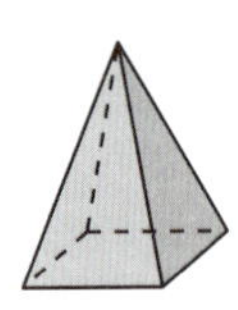 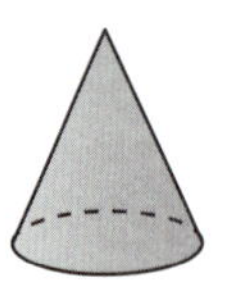 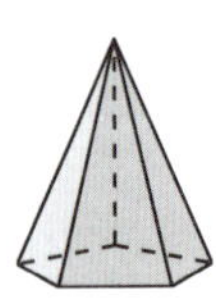

d) O sólido geométrico que **não** rola.

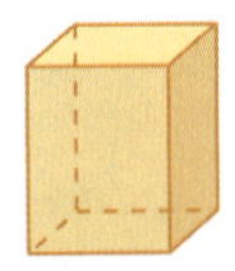 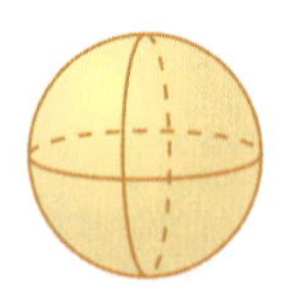   

e) O sólido geométrico que **é** um prisma.

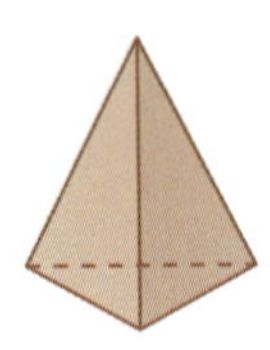  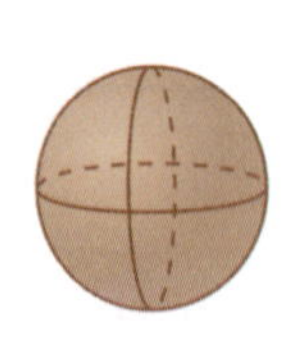 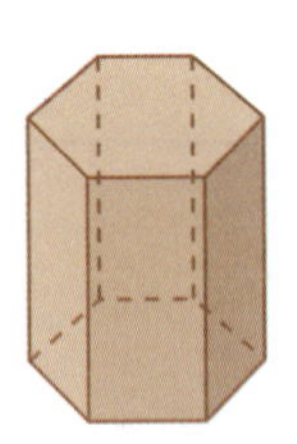 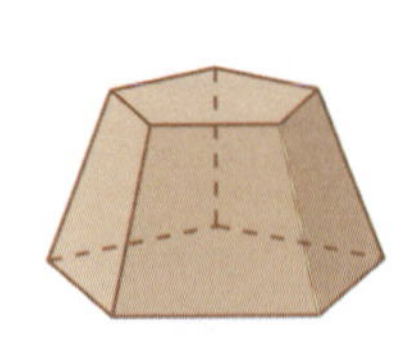

f) O sólido geométrico que **não tem** exatamente 6 faces.

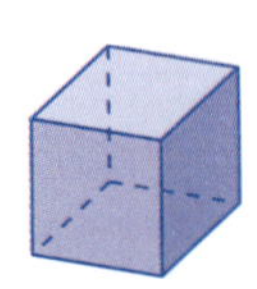 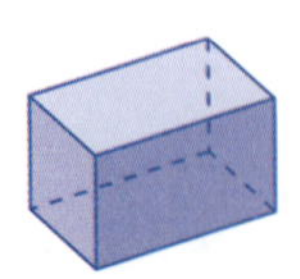 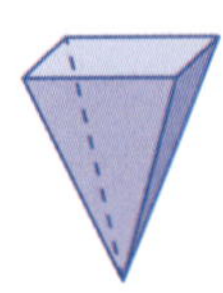 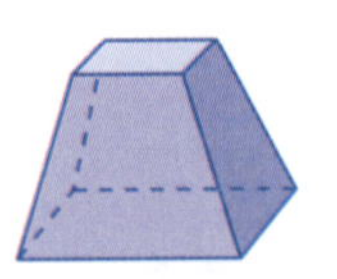 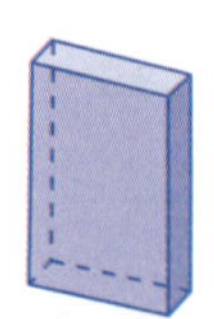

7 Complete com números.

Na atividade acima aparecem ________ cones, ________ esferas, ________ cilindros, ________ cubos e ________ pirâmides.

Adição e subtração

1 IDEIAS DA ADIÇÃO

Registre as quantias em reais de Vera e de Lúcia.

As imagens não estão representadas em proporção.

Vera.

__________ reais

Lúcia.

__________ reais

Responda às questões resolvendo as adições pelo algoritmo usual.

a) Qual é a soma das duas quantias? ____________________

b) Com quanto Lúcia ficará se ganhar mais 20 reais? ____________________

	D	U
	___	___
+	___	___
	___	___

	D	U
	___	___
+	___	___
	___	___

2 CÁLCULO MENTAL

Você escolhe o caminho para efetuar mentalmente as adições.
Depois, na correção, troque ideias com os colegas.

a) 8 + 6 = ______

b) 47 + 20 = ______

c) 138 + 3 = ______

d) 70 + 20 = ______

e) 245 + 30 = ______

f) 80 + 20 = ______

g) 500 + 308 = ______

h) 79 + 15 = ______

i) 49 + 39 = ______

j) 2 + 38 = ______

k) 400 + 400 = ______

l) 96 + 5 = ______

3 ADIÇÃO SEM REAGRUPAMENTO

Efetue 145 + 324 pelos processos indicados.

a) Algoritmo da decomposição

_____ → _____ + _____ + _____

_____ → _____ + _____ + _____

_____ _____ _____

_____

b) Algoritmo usual

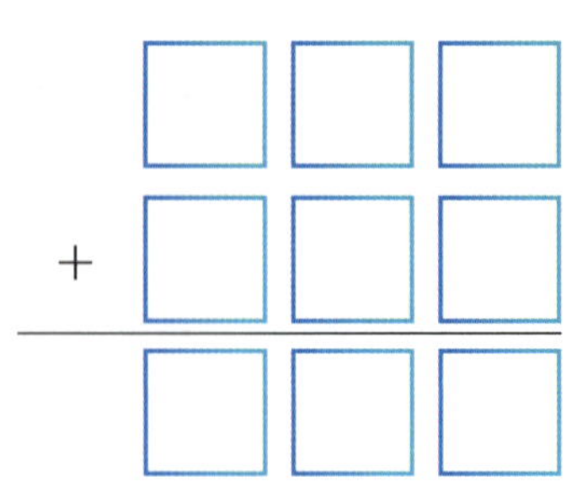

Logo, 145 + 324 = _____.

4 Você escolhe o processo que prefere para efetuar essas adições e em seguida faz o arredondamento dos resultados para a dezena mais próxima.

a) 62 + 31 = _____ **b)** 450 + 28 = _____ **c)** 224 + 514 = _____

5 ADIÇÃO NA RETA NUMERADA

Observe e complete.

a) 116 + 8

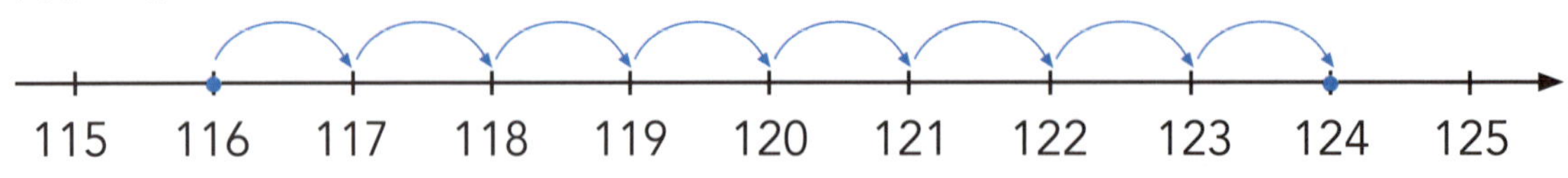

Saio do _____, "ando" _____ para a frente e chego ao _____.

Logo, _____ + _____ = _____.

b) 112 + 7

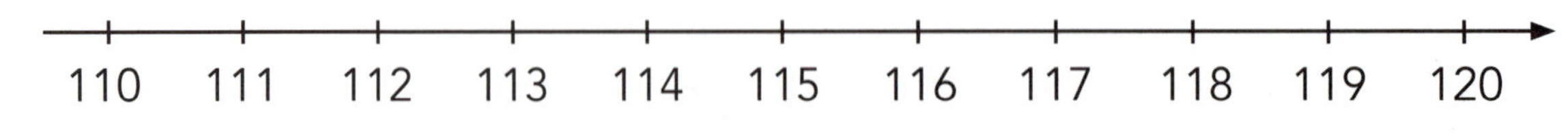

Saio do _____, "ando" _____ para a _____________ e chego ao _____.

Logo, _____ + _____ = _____.

Ilustrações: Banco de imagens/Arquivo da editora

6 ADIÇÃO COM REAGRUPAMENTO

Efetue 48 + 23 pelos dois processos indicados.

a) Algoritmo da decomposição

_____ → _____ + _____

_____ → _____ + _____

_____ + _____

_____

b) Algoritmo usual

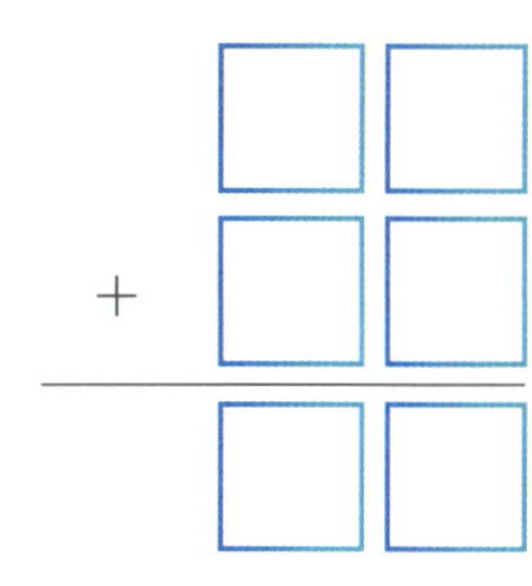

Logo, 48 + 23 = _____.

7 Resolva as adições com o algoritmo usual e arredonde os resultados para a centena mais próxima.

a)
$$\begin{array}{r} 35 \\ +48 \\ \hline \end{array}$$

b)
$$\begin{array}{r} 31 \\ +88 \\ \hline \end{array}$$

c)
$$\begin{array}{r} 77 \\ +63 \\ \hline \end{array}$$

d)
$$\begin{array}{r} 128 \\ +\ 44 \\ \hline \end{array}$$

e)
$$\begin{array}{r} 643 \\ +192 \\ \hline \end{array}$$

f)
$$\begin{array}{r} 596 \\ +295 \\ \hline \end{array}$$

g)
$$\begin{array}{r} 38 \\ 24 \\ +49 \\ \hline \end{array}$$

h)
$$\begin{array}{r} 286 \\ 131 \\ +\ 42 \\ \hline \end{array}$$

8 Mara tem estas notas:

As imagens não estão representadas em proporção.

Pedro tem o dobro da quantia de Mara.
Lúcia tem 28 reais a mais do que Pedro.

Quanto têm os três juntos? _____________

9 IDEIAS DA SUBTRAÇÃO

Veja os preços dos materiais escolares.

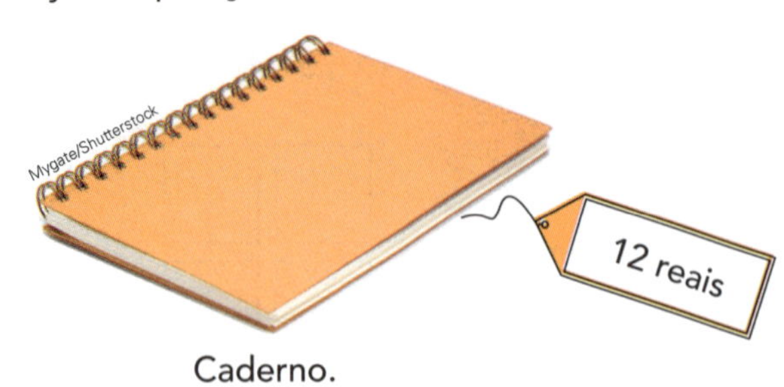

Caderno.

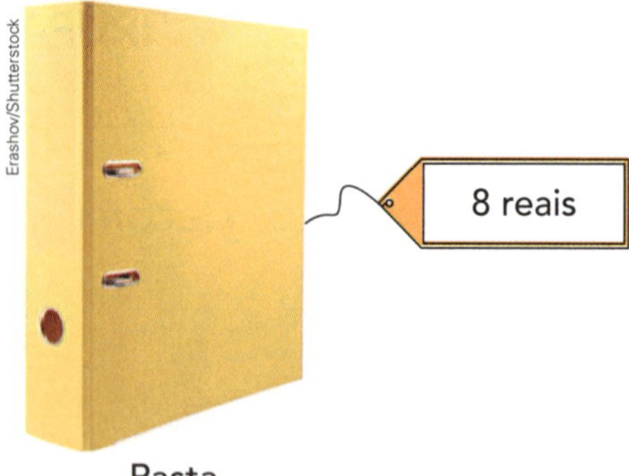

Pasta.

As imagens não estão representadas em proporção.

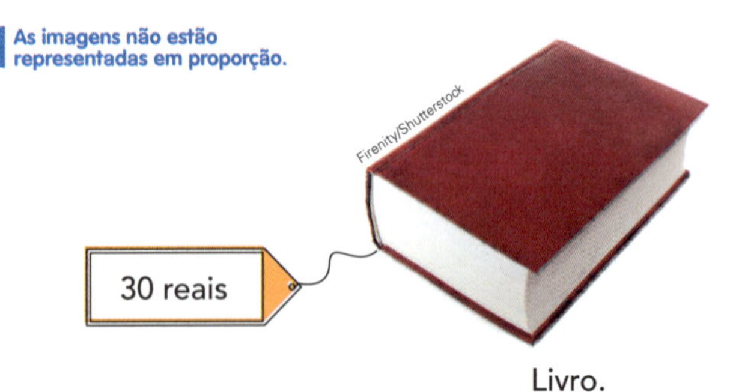

Livro.

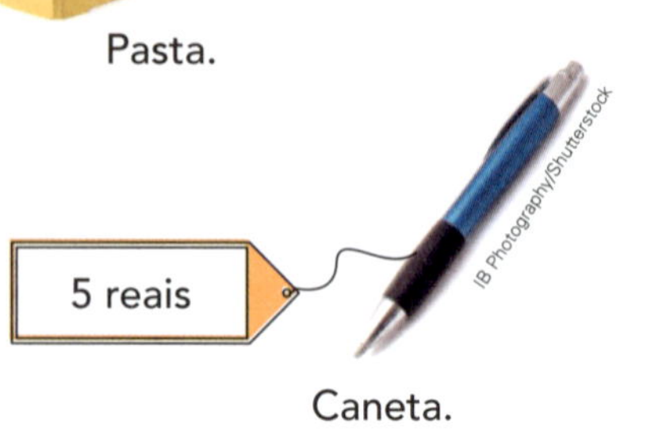

Caneta.

a) Maurício comprou o caderno e pagou com esta nota: 

Reprodução/Casa da Moeda do Brasil/Ministério da Fazenda

Quanto ele recebeu de troco? ______________________

b) Ana tem 25 reais. Quanto falta para ela poder comprar o livro?

____

c) Quanto a pasta custa a mais do que a caneta? ______________________

d) Qual é a diferença entre o preço do caderno e o preço da pasta?

____

10 CÁLCULO MENTAL

Escolha uma estratégia e efetue mentalmente as subtrações.
Depois, na correção, compartilhe suas ideias com os colegas.

a) 10 − 4 = ______________________

b) 62 − 20 = ______________________

c) 143 − 4 = ______________________

d) 90 − 30 = ______________________

e) 388 − 30 = ______________________

f) 388 − 300 = ______________________

g) 519 − 18 = ______________________

h) 777 − 7 = ______________________

i) 900 − 2 = ______________________

j) 619 − 119 = ______________________

k) 800 − 500 = ______________________

l) 375 − 372 = ______________________

11 SUBTRAÇÃO SEM REAGRUPAMENTO

Efetue 547 − 213 pelos processos indicados.

a) Tirar 200, tirar 10 e tirar 3.

_____ − _____ = _____

_____ − _____ = _____

_____ − _____ = _____

Logo, 547 − 213 = _____.

b) Algoritmo usual

12 Agora você efetua como preferir estas subtrações.

a) 78 − 26 = _____

b) 538 − 208 = _____

c) 277 − 34 = _____

13 A loja Flores Ipanema fez uma promoção de venda de vasinhos de violeta no fim de semana.

No sábado foram vendidos 178 vasinhos e no domingo, 142 vasinhos.

a) Em qual dos dias foram vendidos mais vasinhos?

____

b) Quantos vasinhos a mais do que no outro dia?

____

14 SUBTRAÇÃO NA RETA NUMERADA

Observe e complete.

114 − 6

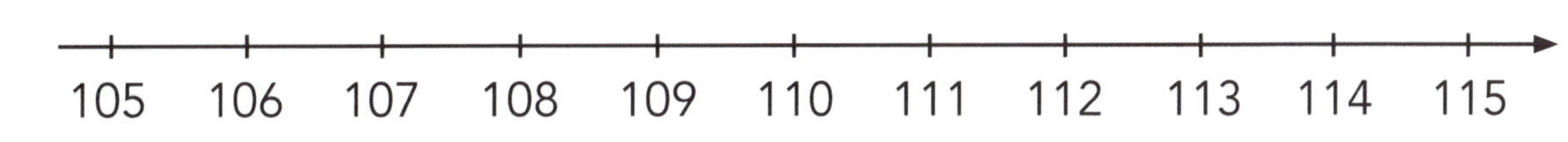

Saio do _____, "ando" _____ para _____ e chego ao _____.

Logo, _____ − _____ = _____.

15 SUBTRAÇÃO COM REAGRUPAMENTO

Efetue 72 − 18 pelos dois processos indicados.

a) Tirar 10, tirar 2 e tirar 6.

_____ − _____ = _____

_____ − _____ = _____

_____ − _____ = _____

Logo, 72 − 18 = _____.

b) Algoritmo usual

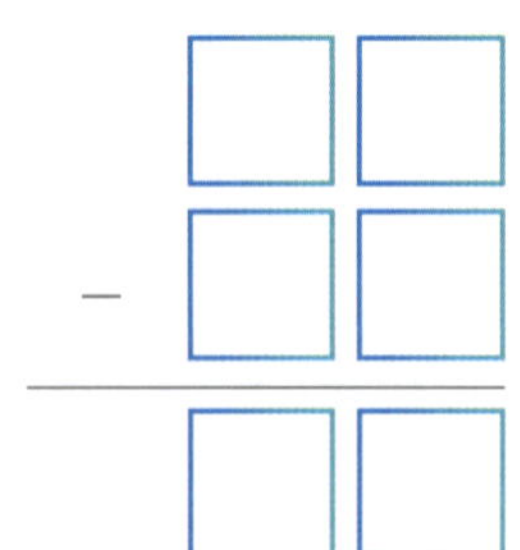

16 Agora, efetue só pelo algoritmo usual.

a) $\begin{array}{r} 64 \\ -25 \\ \hline \end{array}$

d) $\begin{array}{r} 523 \\ -256 \\ \hline \end{array}$

g) $\begin{array}{r} 321 \\ -181 \\ \hline \end{array}$

b) $\begin{array}{r} 439 \\ -192 \\ \hline \end{array}$

e) $\begin{array}{r} 209 \\ -116 \\ \hline \end{array}$

h) $\begin{array}{r} 665 \\ -\ \ 29 \\ \hline \end{array}$

c) $\begin{array}{r} 742 \\ -618 \\ \hline \end{array}$

f) $\begin{array}{r} 440 \\ -205 \\ \hline \end{array}$

i) $\begin{array}{r} 944 \\ -879 \\ \hline \end{array}$

As imagens não estão representadas em proporção.

17 O pai de Regina tinha 900 reais e separou um total de 648 reais para comprar um fogão e um ventilador.

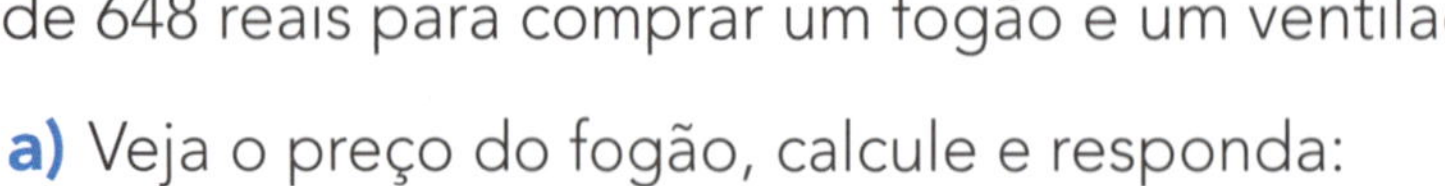

a) Veja o preço do fogão, calcule e responda: Quanto custou o ventilador?

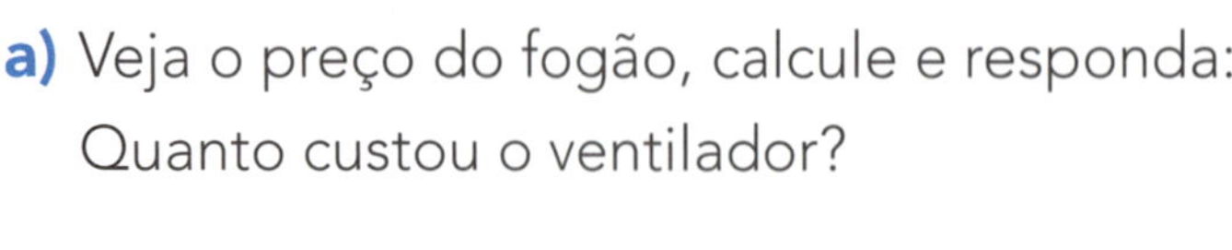

_____

Fogão.

b) Após a compra do fogão e do ventilador, quanto dinheiro sobrou para o pai de Regina? _____

Ventilador.

18 Analise com atenção, efetue cada operação e complete.

a) 376 + 192 = ________

b) 518 − 213 = ________

c) ________ + 84 = 426

d) 59 + ________ = 172

e) ________ − 810 = 47

f) 324 − ________ = 185

19 **DESAFIO: CONSERVAR A SOMA OU A DIFERENÇA**

Complete as operações.

a) [26] + [33] = [ ]

(+4 ↓) (____ ↓)

[ ] + [ ] = [ ]

b) [106] − [47] = [ ]

(−29 ↓) (____ ↓)

[ ] − [ ] = [ ]

20 **CÁLCULO MENTAL**

Faça os cálculos mentalmente e complete as afirmações.

a) Se as parcelas são 139 e 2, então o resultado é ________, chamado ________.

b) A diferença entre 800 e 20 é ________.

c) Somando 412 e 30 obtemos ________.

d) Para 325 chegar a 331 faltam ________.

e) Acrescentando 200 a 95 chegamos a ________.

f) O número 842 tem ________ a mais do que 832.

g) Tirando 75 de 176 obtemos ________.

h) O dobro de 205 é ________.

i) O triplo de 300 é ________.

j) Somando 149 com ________ obtemos 154.

As imagens não estão representadas em proporção.

21 Veja os preços dos materiais escolares e as informações do quadro.

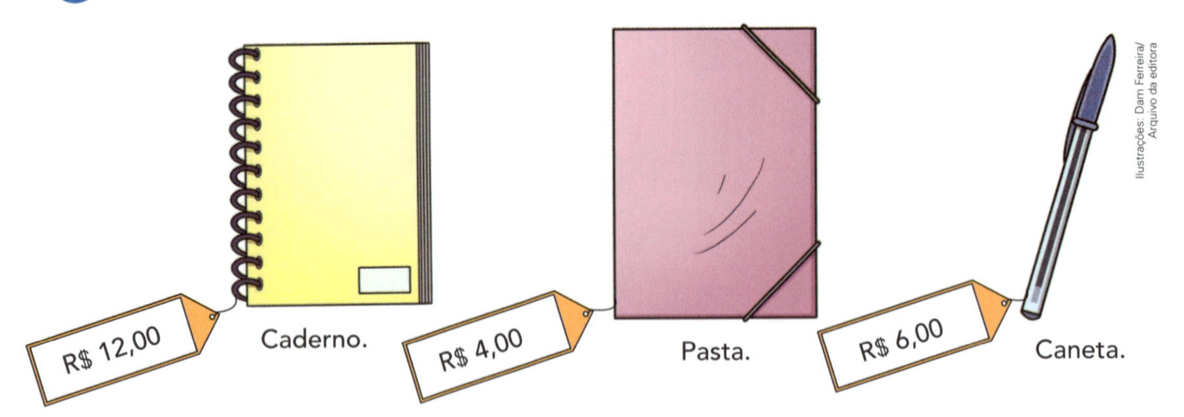

- Pedro comprou 1 caderno, 1 pasta e 2 canetas.
- Laura gastou o mesmo valor que Pedro na compra de 1 pasta e alguns cadernos.
- Ana comprou 1 caderno e 3 canetas.
- Rafael gastou o mesmo valor que Ana e comprou 1 caneta e algumas pastas.

a) Registre na tabela abaixo as compras e calcule o valor que cada criança gastou.

Compras na papelaria

Criança	Caderno	Pasta	Caneta	Valor (em reais)
Pedro	1	1	2	12 + 4 + 12 = ______
Laura	______	______	______	______ + ______ = ______
Ana	______	______	______	______ + ______ = ______
Rafael	______	______	______	______ + ______ = ______

Tabela elaborada para fins didáticos.

b) Agora, calcule e complete: com R$ 44,00 é possível comprar:

3 cadernos e ______ pastas, pois ______ + ______ = ______ ou

5 pastas e ______ canetas, pois ______ + ______ = ______.

Regiões planas e contornos

1 Em cada item, pinte, com a mesma cor do sólido geométrico, a região plana que pode ser uma de suas faces.

a) Nesta pirâmide:

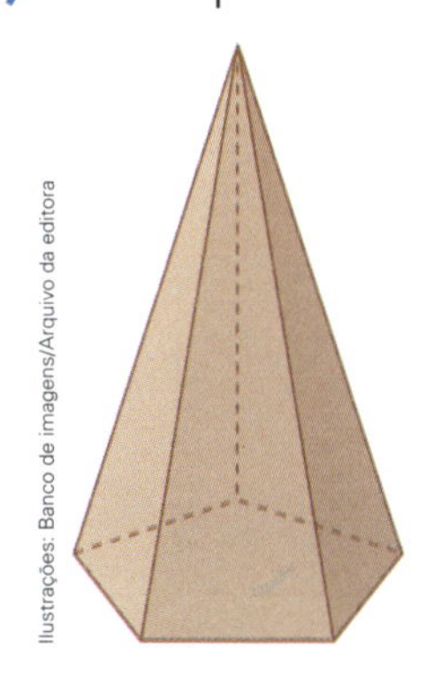

Ilustrações: Banco de imagens/Arquivo da editora

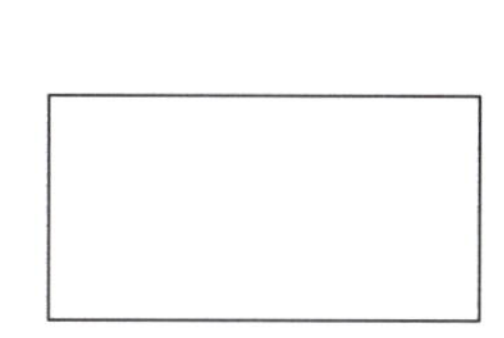

b) Neste cilindro:

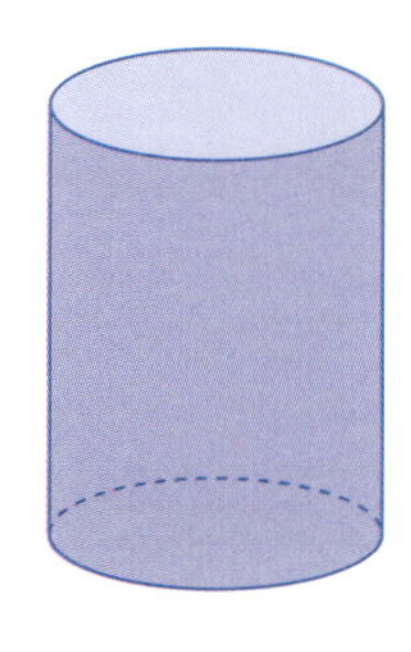
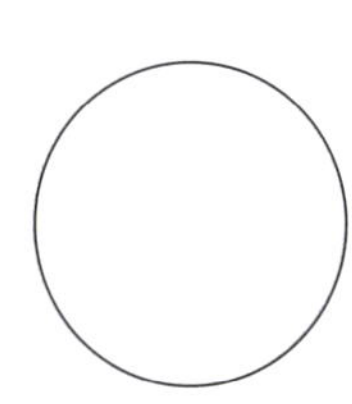
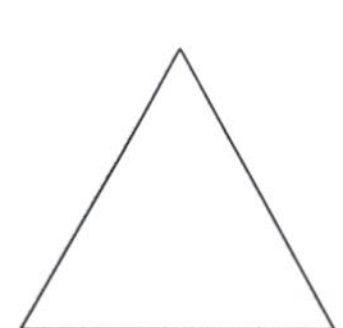
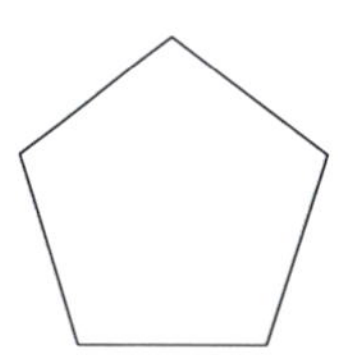

c) Neste prisma:

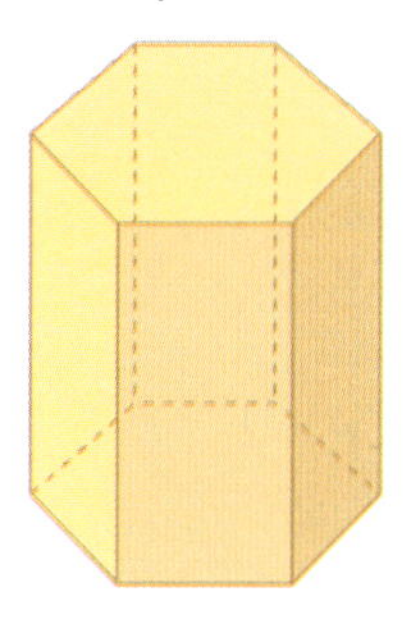
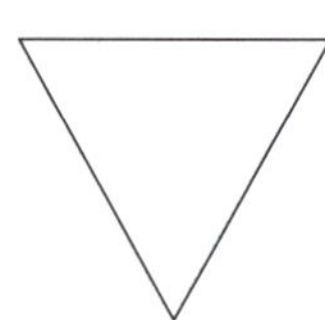
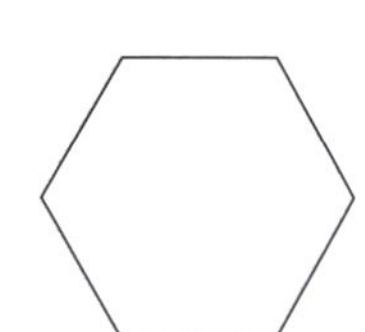
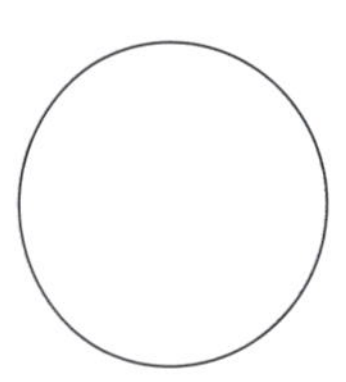

d) Neste cubo:

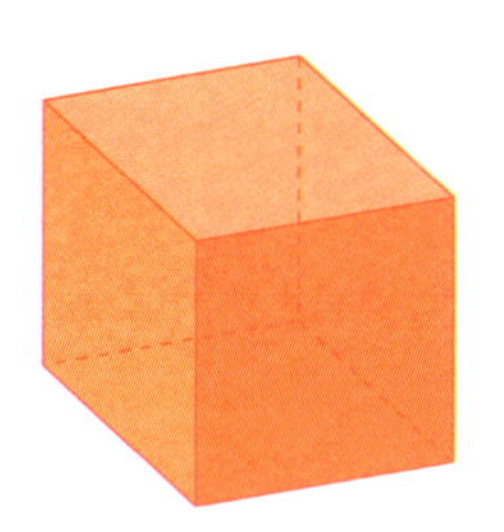
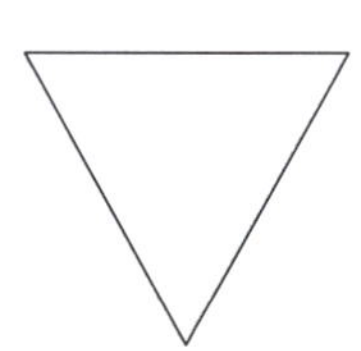

2 Relacione cada sólido a sua planificação.

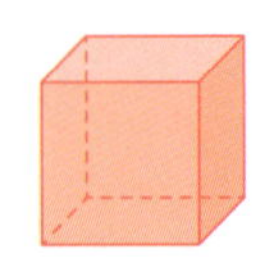

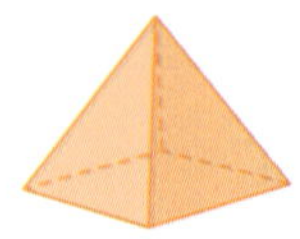

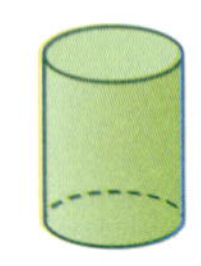

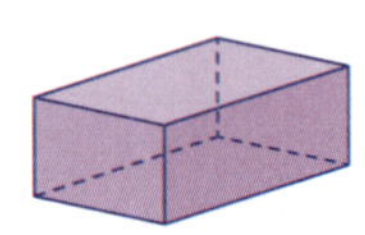

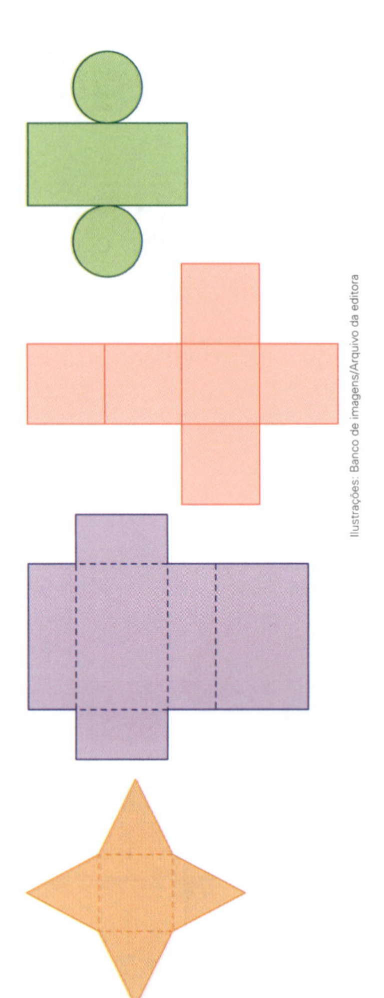

Ilustrações: Banco de imagens/Arquivo da editora

3 Contorne a vista superior dos sólidos a seguir.

a)

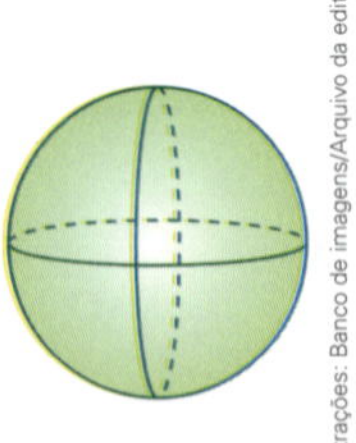

Ilustrações: Banco de imagens/Arquivo da editora

b)

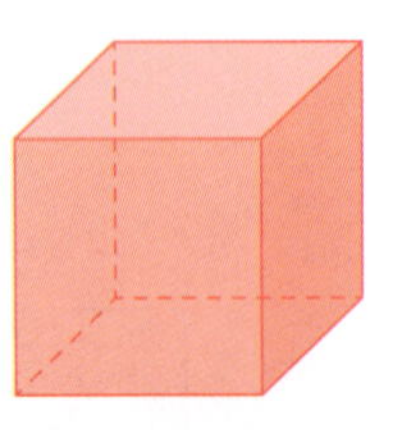

4 Marcelo compôs a figura desenhada ao lado usando as peças abaixo.
Pinte a figura desenhada por Marcelo com as mesmas cores das peças que ele usou.

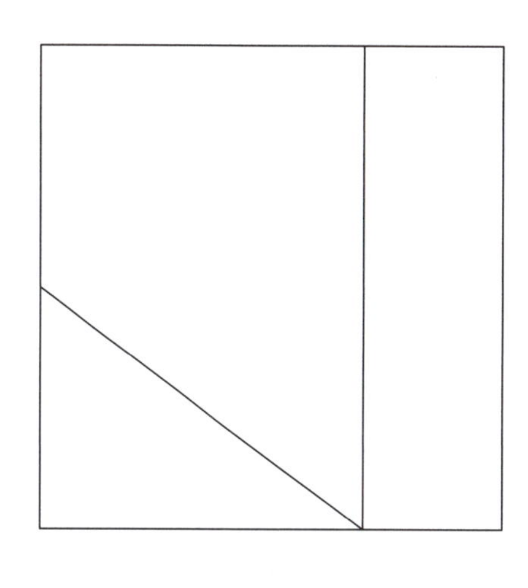

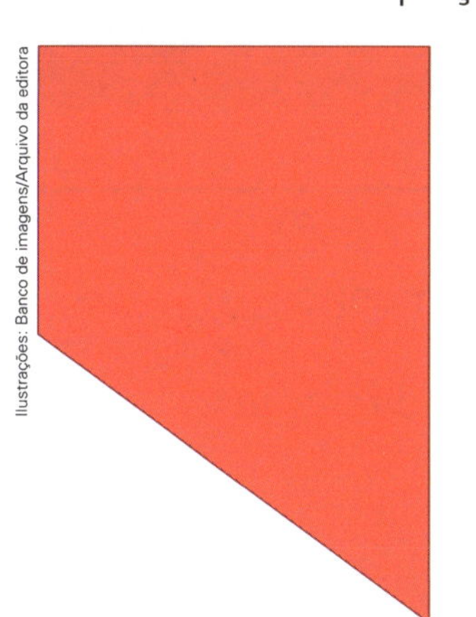

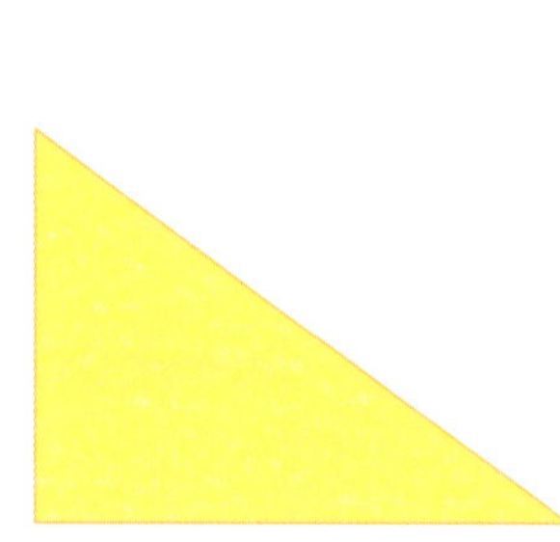

Ilustrações: Banco de imagens/Arquivo da editora

5 Observe as peças da atividade anterior e complete de acordo com suas formas.

a) A peça verde é uma região ______________________.

b) A peça amarela é uma região ______________________.

c) O contorno da peça vermelha é um ______________.

d) A figura que foi composta é uma região ________________.

6 Observe a construção que Lima fez usando cubinhos coloridos.

Ilustrações: Banco de imagens/Arquivo da editora

Assinale a única alternativa que pode ser uma vista de cima dessa construção.

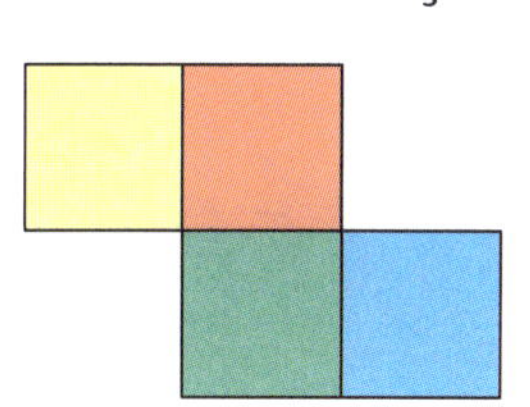

7 Analise com atenção as letras, as cores, as formas e os tamanhos das regiões planas desenhadas abaixo.

Ilustrações: Banco de imagens/Arquivo da editora

A B C D E F

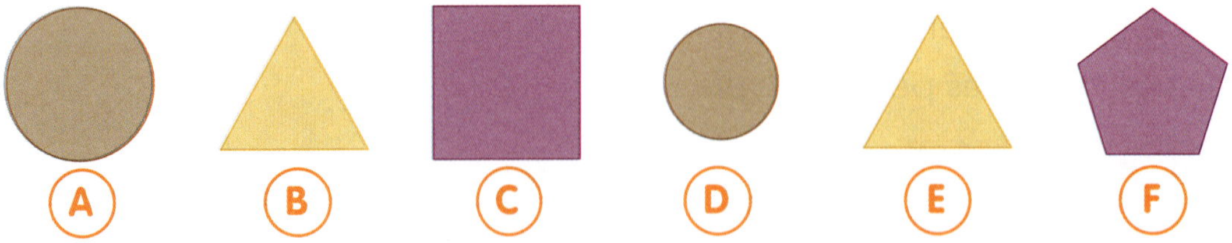

Agora, indique com as letras:

a) as duas de mesma cor, mesma forma e mesmo tamanho: _______ e _______;

b) as duas de mesma cor, mesma forma e tamanhos diferentes: _____ e _____;

c) as duas de mesma cor e formas diferentes: _______ e _______.

8 Ligue cada região plana com o contorno dela, e cada contorno com o nome dele.

Ilustrações: Banco de imagens/Arquivo da editora

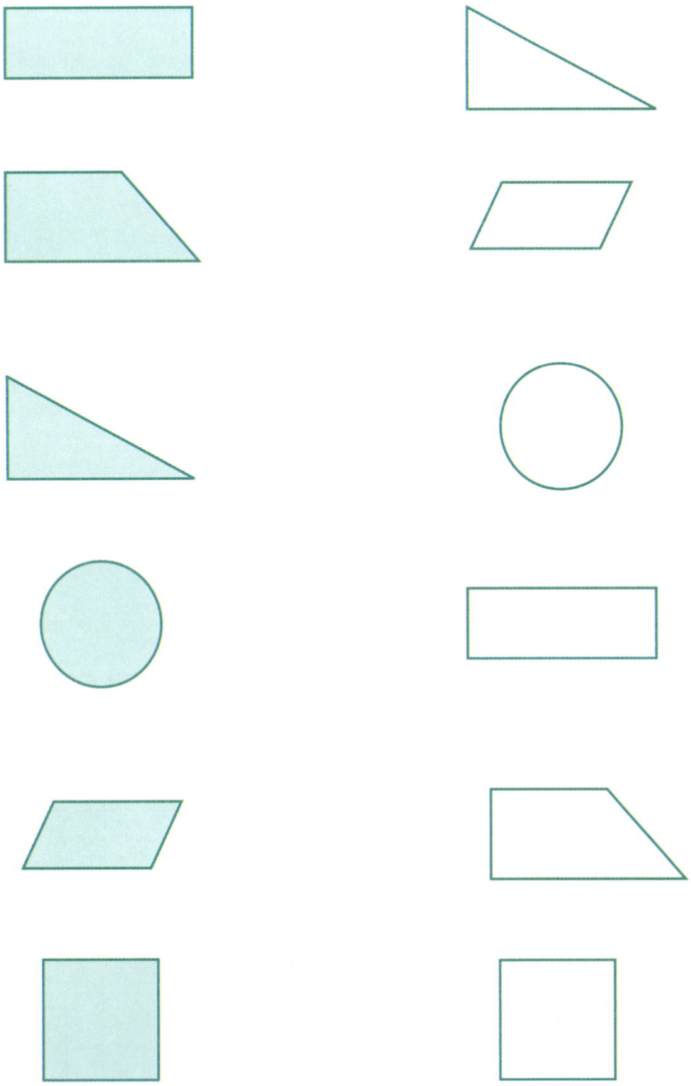

Circunferência

Trapézio

Triângulo

Paralelogramo

Quadrado

Retângulo

9 SIM OU NÃO

Observe as figuras desenhadas em cada item e responda às questões, sempre com **sim** ou **não**.

a)

- As duas são regiões planas? ________
- As duas são triangulares? ________
- Uma delas é retangular? ________

d)

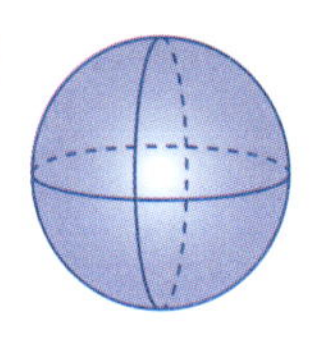

Ilustrações: Banco de imagens/Arquivo da editora

- As duas são contornos? ________
- Uma delas é um círculo? ________
- Uma delas é um sólido geométrico? ________

b)

- Alguma é sólido geométrico? ________
- As duas são contornos? ________
- As duas são quadrados? ________

e)

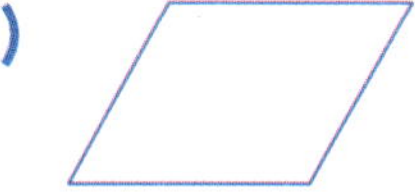

- As duas são contornos? ________
- Alguma é região retangular? ________
- Alguma é paralelogramo? ________

c)

- Alguma é região plana? ________
- Alguma é contorno? ________
- Uma delas é o contorno da outra? ________

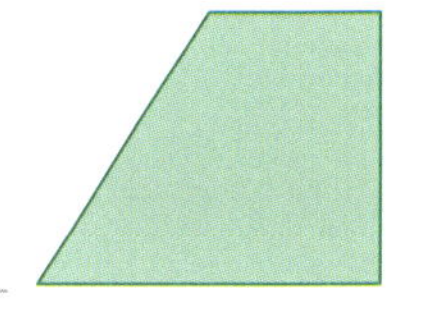

10 Marcos gosta de desenhar barquinhos. Veja quantos ele desenhou!

- Assinale com **X** os que não apresentam simetria.
- Nos que apresentam simetria, trace o eixo de simetria.
- No último, complete o desenho para que haja simetria.

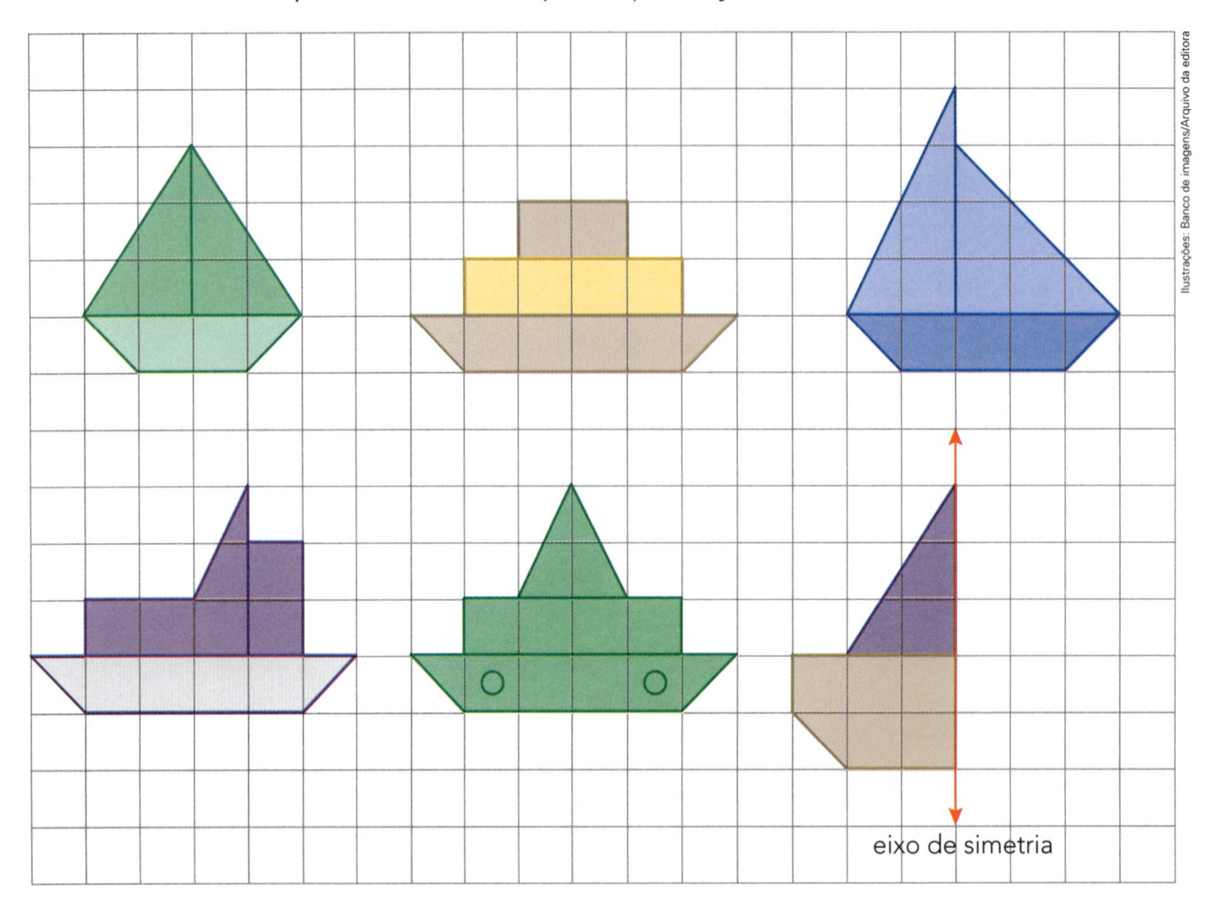

Ilustrações: Banco de imagens/Arquivo da editora

11 Observe os contornos desenhados abaixo. Todos apresentam simetria. Trace o eixo de cada um (muita atenção no item **c**).

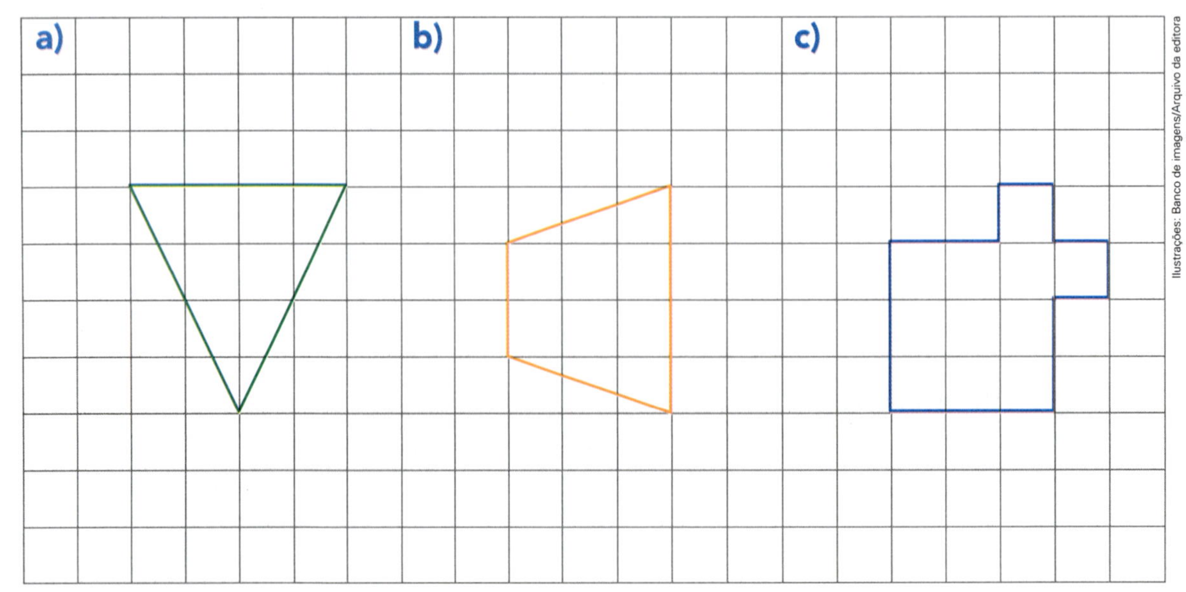

Ilustrações: Banco de imagens/Arquivo da editora

Unidade 5

Multiplicação

As imagens não estão representadas em proporção.

1 IDEIAS DA MULTIPLICAÇÃO

a) Maria separou os pêssegos em caixas.

Complete: _______ caixas.

_______ pêssegos em cada caixa.

_______ pêssegos no total.

Multiplicação correspondente: _______ × _______ = _______

Pêssegos: Nattika/Shutterstock; Caixas: Anatoly Vartanov/Shutterstock

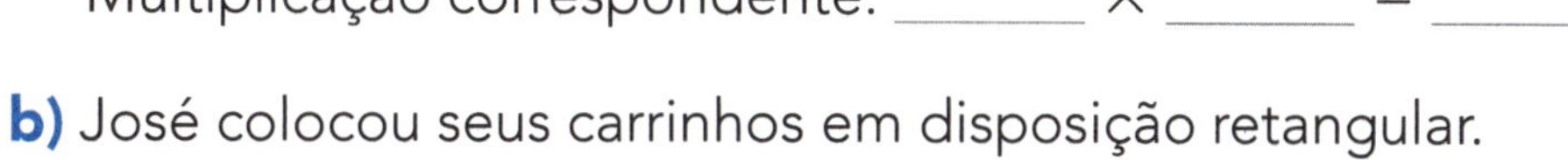

b) José colocou seus carrinhos em disposição retangular.

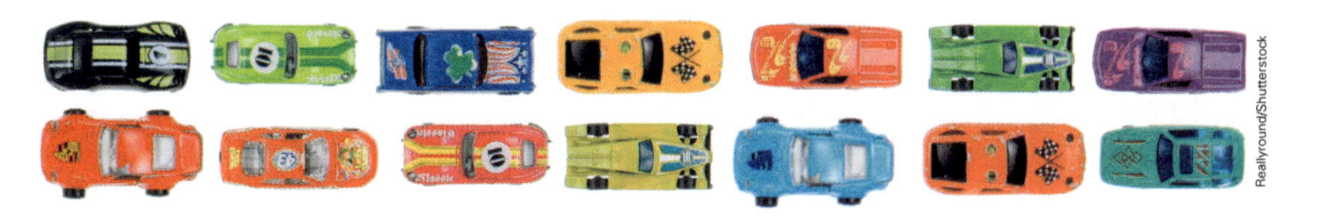

Reallyround/Shutterstock

Complete considerando as colunas (↑) e as linhas (→).

_______ linhas.

_______ carrinhos em cada linha.

_______ carrinhos no total.

Multiplicação: ______ × ______ = ______

_______ colunas.

_______ carrinhos em cada coluna.

_______ carrinhos no total.

Multiplicação: ____________________

c) Pedro está pintando regiões triangulares e círculos, usando três cores. Continue a pintar de modo que obtenha todas as figuras possíveis, considerando a forma e a cor.

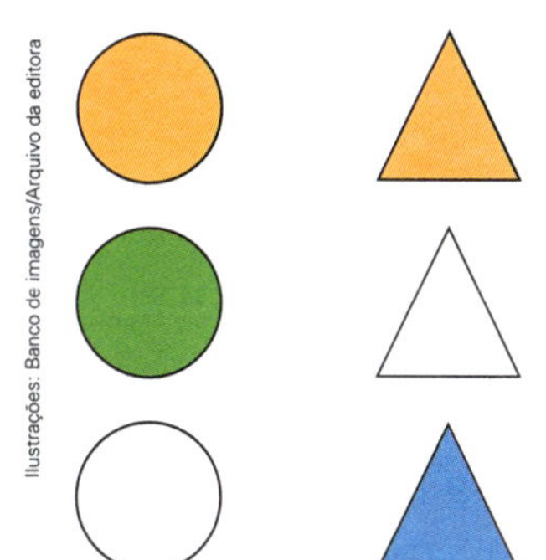

Ilustrações: Banco de imagens/Arquivo da editora

Complete: _______ formas geométricas.

_______ cores.

_______ figuras no total.

Multiplicação: ______ × _______ = _______

ou ____________________________________.

2 Guta resolveu usar desenhos para efetuar multiplicação.
Veja duas delas e indique a multiplicação efetuada.

a)

b) 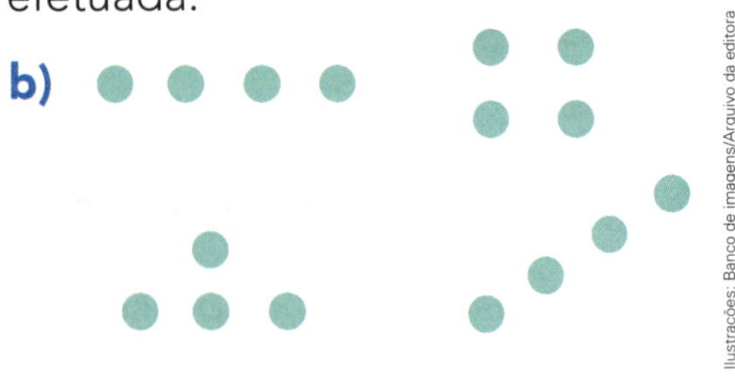

Ilustrações: Banco de imagens/Arquivo da editora

_____ × _____ = _____   _____ × _____ = _____

Agora você. Faça desenhos, descubra os resultados e registre.

a) $4 \times 2 =$ _____   **b)** $3 \times 3 =$ _____

3 Marcelo preferiu usar a malha quadriculada.
Veja o que ele fez e indique as multiplicações.

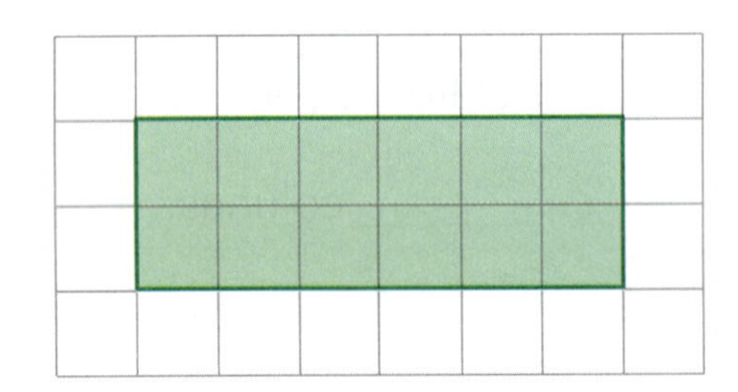

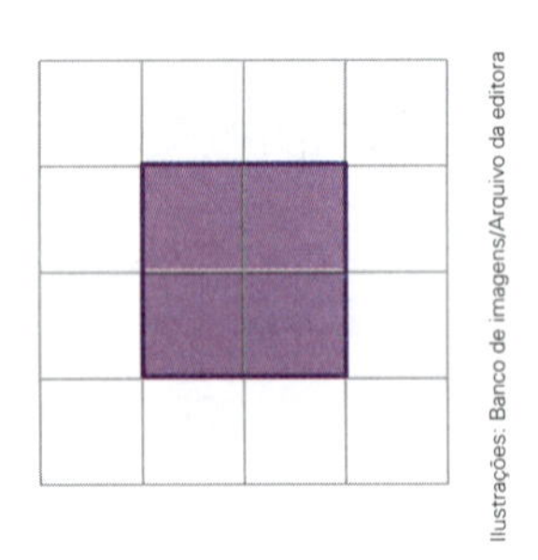

Ilustrações: Banco de imagens/Arquivo da editora

_____ × _____ = _____ ou _________   _________

Use a malha quadriculada abaixo para descobrir o resultado de cada multiplicação e registre.

a) $3 \times 7 =$ _____   **b)** $2 \times 8 =$ _____

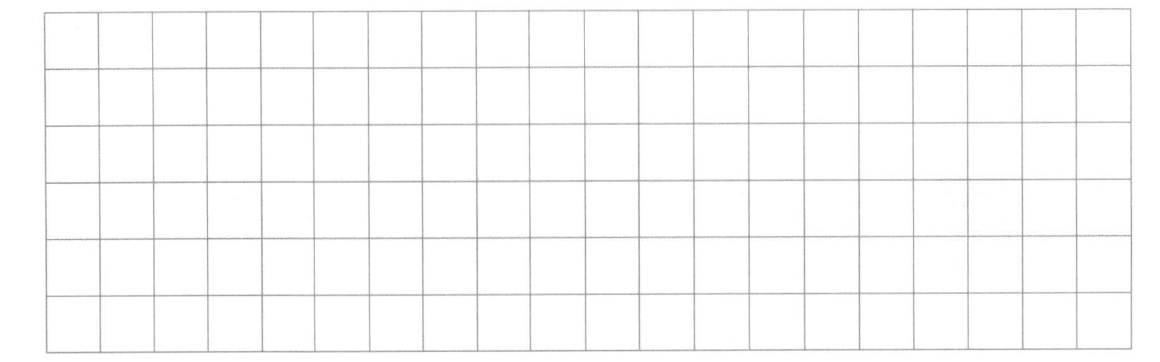

4 Veja como Cláudia usou a reta numerada para efetuar 6 × 2.

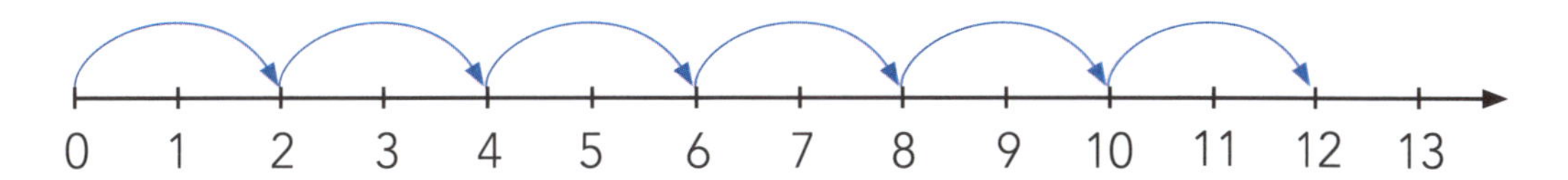

Ilustrações: Banco de imagens/Arquivo da editora

a) Complete: _______ × _______ = _______

b) Agora, efetue 2 × 5 usando a reta numerada e registre a multiplicação.

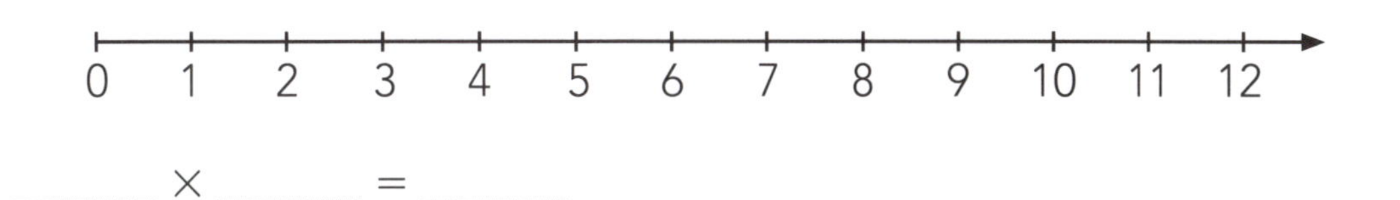

_______ × _______ = _______

5 Depois de fazer desenhos, usar malha quadriculada e usar a reta numerada, Marina e seus amigos resolveram registrar as tabuadas do 2, do 3, do 4 e do 5.

Registre também:

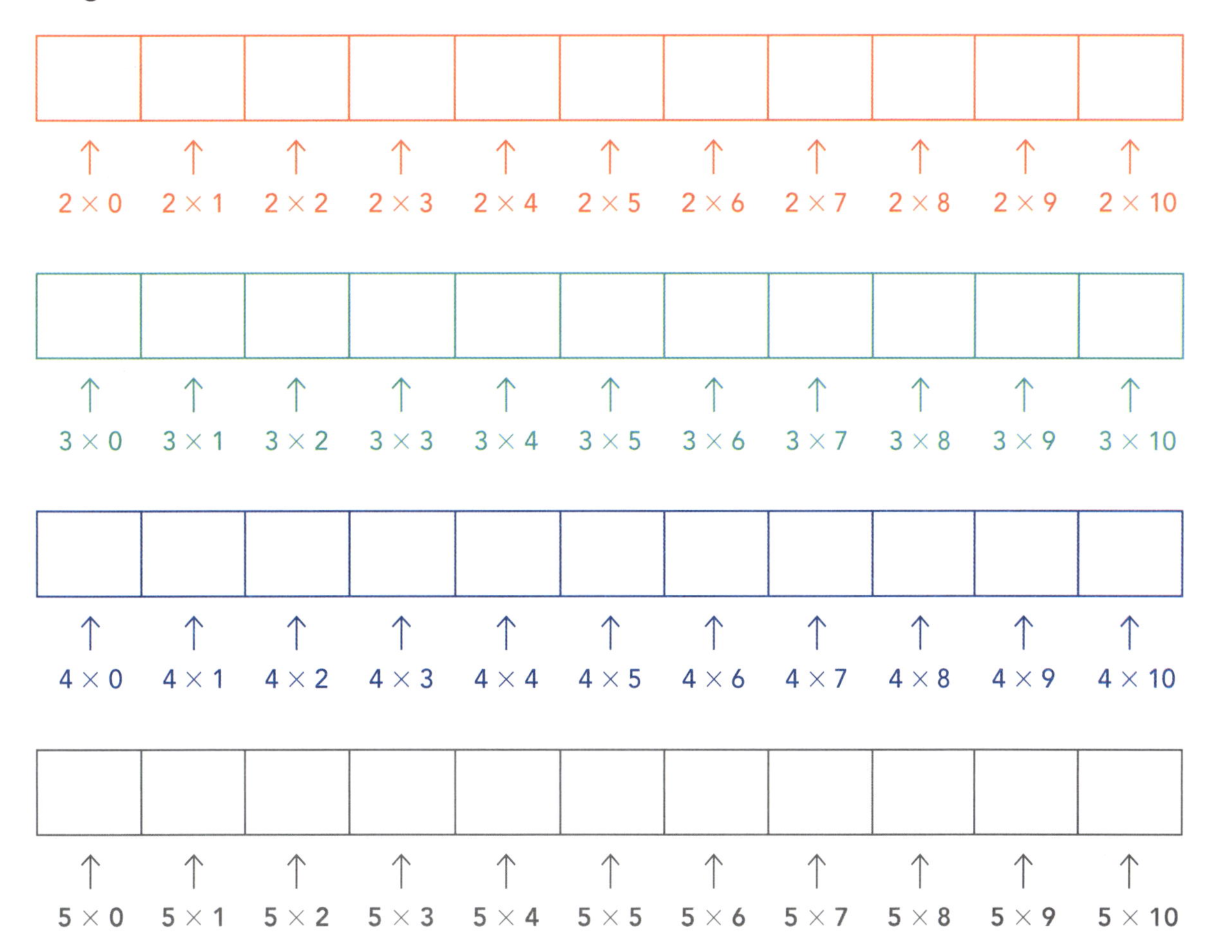

6 Escreva uma multiplicação com resultado maior do que 50.

_________ × _________ = _________

Agora, represente a multiplicação que você escreveu com o desenho de uma figura na malha quadriculada abaixo e, depois, indique o número de linhas e colunas da figura desenhada.

Banco de imagens/Arquivo da editora

_________ linhas e _________ colunas

7 Marcelo tem estas notas:

As imagens não estão representadas em proporção.

Reprodução/Casa da Moeda do Brasil/Ministério da Fazenda

Marcelo.

Ilustrações: Dam Ferreira/Arquivo da editora

- Paulo tem 7 reais a menos do que Marcelo.
- Ana tem o dobro de Paulo.
- Rita tem o triplo de Marcelo.

Paulo. Ana. Rita.

Considere as informações do quadro acima para calcular as quantias indicadas em cada item.

a) Quantia de Marcelo: _________ reais.

b) Quantia de Paulo: _________ reais.

c) Quantia de Ana: _________ reais.

d) Quantia de Rita: _________ reais.

8 Agora, complete a tabuada do 6.

- $6 \times 0 =$ ________
- $6 \times 1 =$ ________
- $6 \times 2 =$ ________
- $6 \times 3 =$ ________
- $6 \times 4 =$ ________
- $6 \times 5 =$ ________
- $6 \times 6 =$ ________
- $6 \times 7 =$ ________
- $6 \times 8 =$ ________
- $6 \times 9 =$ ________
- $6 \times 10 =$ ________
- $6 \times 11 =$ ________

9 Verifique os resultados de 3×7 e 7×3 e registre.

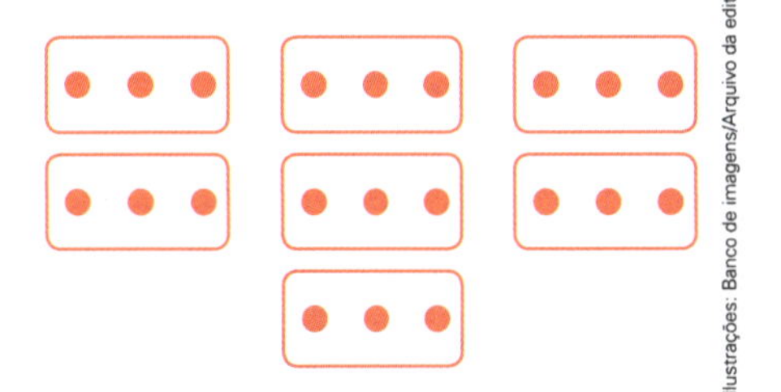

Ilustrações: Banco de imagens/Arquivo da editora

________ $\times$ ________ $=$ ________ ________ $\times$ ________ $=$ ________

10 Use as tabuadas do 2, do 4 e do 5 e complete.

a) Se $2 \times 7 =$ ________, então $7 \times 2 =$ ________.

b) Se $4 \times 7 =$ ________, então $7 \times 4 =$ ________.

c) Se $5 \times 7 =$ ________, então $7 \times 5 =$ ________.

11 Complete a tabuada do 7.

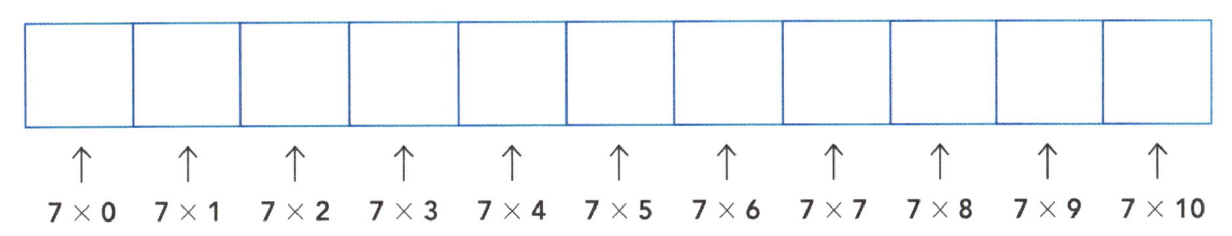

12 Observe os preços das frutas.

As imagens não estão representadas em proporção.

Bergamont/Shutterstock

Pera.

Egor Rodynchenko/Shutterstock

Limão.

Se Roberta comprar 7 peras e 7 limões e pagar com a nota , com quanto ela ainda vai ficar? ________

Reprodução/Casa da Moeda do Brasil/Ministério da Fazenda

13 Vamos trabalhar com a tabuada do 8.

a) Faça a adição de parcelas iguais para efetuar $8 \times 5 =$ ______.

$8 \times 5 \longrightarrow 5 + 5 + 5 + 5 + 5 + 5 + 5 + 5$

______ + ______ + ______ + ______ = ______.

b) Use a malha quadriculada abaixo para calcular $8 \times 3 =$ ______.

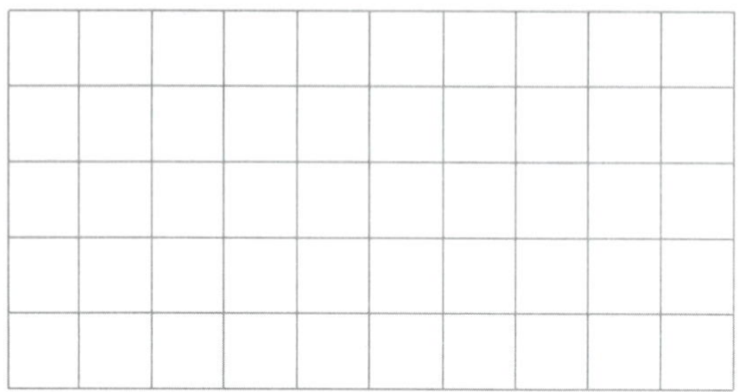

c) Considere o desenho feito ao lado e complete: $8 \times$ ______ $=$ ______.

Ilustrações: Banco de imagens/Arquivo da editora

d) Use as tabuadas do 6 e do 7 para obter resultados da tabuada do 8.

- Se $6 \times 8 =$ ______, então $8 \times 6 =$ ______.
- Se $7 \times 8 =$ ______, então $8 \times 7 =$ ______.

14 Complete a tabuada do 8.

×	0	1	2	3	4	5	6	7	8	9	10
8			16								

15 Veja como Luana começou a elaborar a tabuada do 9. Complete o que falta.

$9 \times 0 = 0 + 0 + 0 + 0 + 0 + 0 + 0 + 0 + 0 = 0$

$9 \times 1 = 1 + 1 + 1 + 1 + 1 + 1 + 1 + 1 + 1 = 9 \leftarrow \mathbf{0} + 9$

$9 \times 2 = 2 + 2 + 2 + 2 + 2 + 2 + 2 + 2 + 2 = 18 \leftarrow \mathbf{9} + 9$

$9 \times 3 = \mathbf{18} + 9 = 27$

$9 \times 4 = \mathbf{27} + 9 = 36$

$9 \times 5 =$ ______ + ______ = ______

$9 \times 6 =$ ______ + ______ = ______

$9 \times 7 =$ ______ + ______ = ______

$9 \times 8 =$ ______ + ______ = ______

$9 \times 9 =$ ______ + ______ = ______

$9 \times 10 =$ ______ + ______ = ______

16 Observe as imagens e complete as frases a seguir.

Nêsperas: Ilya Sirota/Shutterstock; Caixas: Anatoly Vartanov/Shutterstock

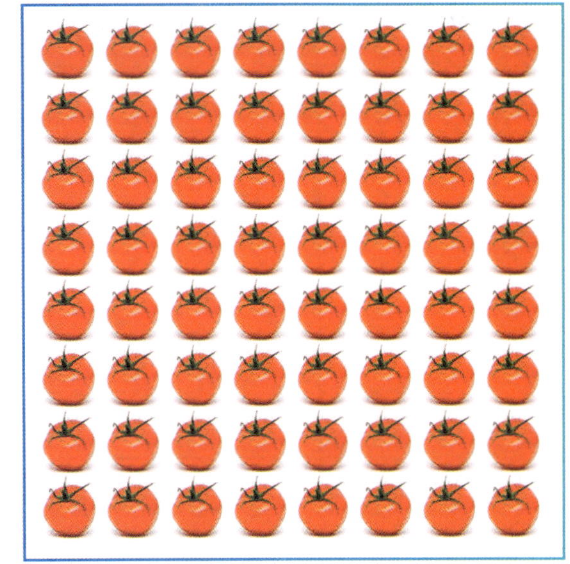
OFC Pictures/Shutterstock

a) O número de nêsperas é: _________.

b) O número de tomates é: _________.

c) O número total de frutas é: _________.

17 CÁLCULO MENTAL

Calcule mentalmente e escreva a quantia total em cada item.

As imagens não estão representadas em proporção.

a) → _________ reais

b)  → _________ reais

c)  → _________ reais

d)  → _________ reais

e)  → _________ reais

Reprodução/Casa da Moeda do Brasil/Ministério da Fazenda

18 Observe o número **9** representado na malha quadriculada a seguir.
Agora, pinte na malha quadriculada outro número **9** com o dobro de tamanho.
Para isso, duplique todas as medidas da figura abaixo.

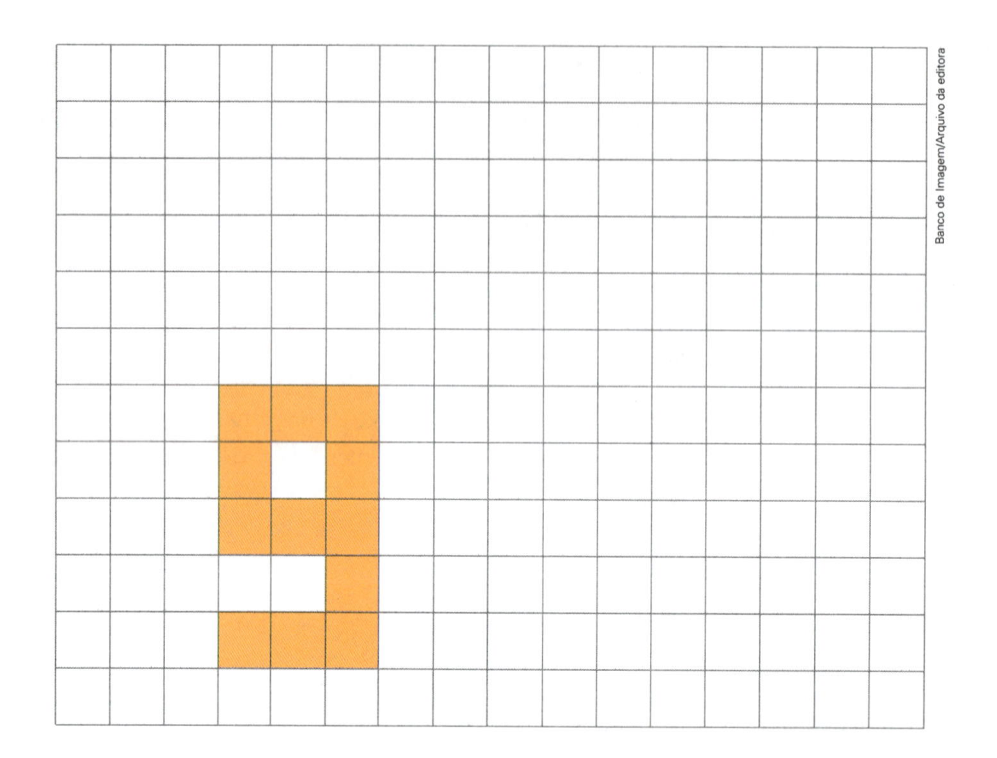

Banco de Imagem/Arquivo da editora

19 Observe a letra **L** representada na malha quadriculada abaixo. Pinte, na mesma malha quadriculada, outra letra **L**, triplicando todas as medidas da figura já desenhada.

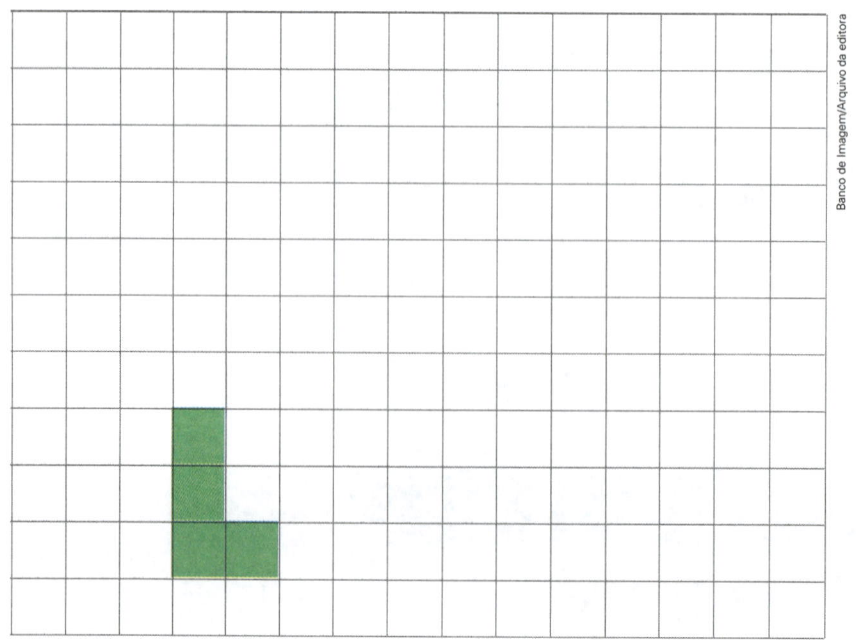

Banco de Imagem/Arquivo da editora

20 MULTIPLICAÇÃO SEM REAGRUPAMENTO

Efetue a multiplicação 3 × 132 pelos algoritmos indicados.

a) Decompondo o 132.

_____ + _____ + _____

× _____

_____ + _____ + _____

_____

b) Algoritmo usual

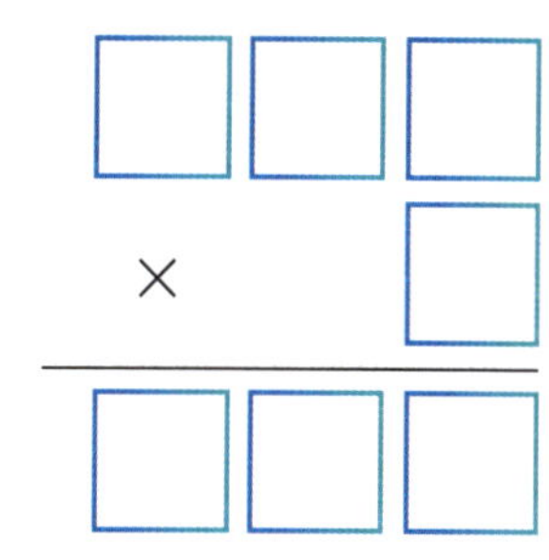

Logo, _____ × _____ = _____.

21 Agora, só pelo algoritmo usual.

a)

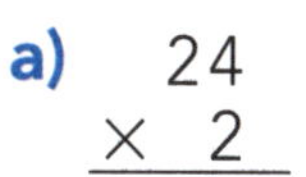

$$\begin{array}{r} 24 \\ \times\ 2 \\ \hline \end{array}$$

b) $$\begin{array}{r} 201 \\ \times\ 3 \\ \hline \end{array}$$

c) $$\begin{array}{r} 311 \\ \times\ 3 \\ \hline \end{array}$$

d) $$\begin{array}{r} 120 \\ \times\ 4 \\ \hline \end{array}$$

22 MULTIPLICAÇÃO COM AGRUPAMENTO

Efetue 5 × 23 pelos algoritmos indicados.

a) Decompondo o 23.

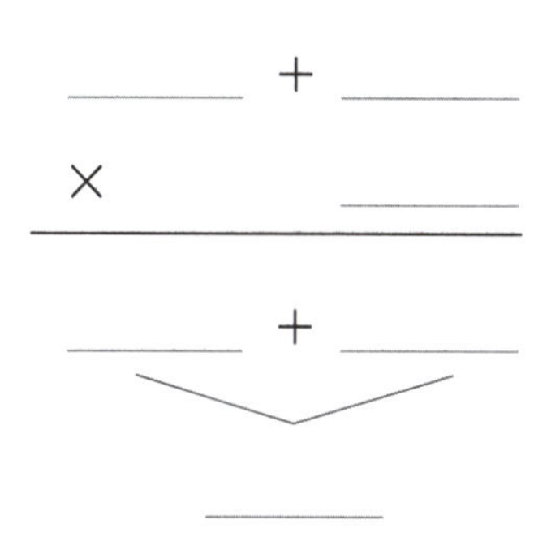

b) Algoritmo usual

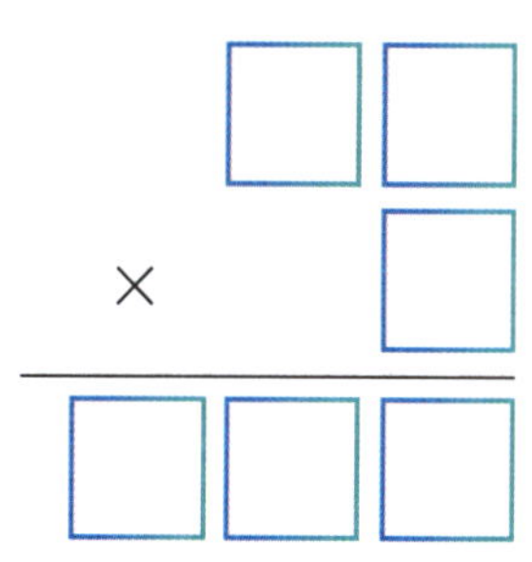

Logo, _____ × _____ = _____.

23 Agora, só pelo algoritmo usual.

a) $$\begin{array}{r} 327 \\ \times\ 2 \\ \hline \end{array}$$

b) $$\begin{array}{r} 232 \\ \times\ 4 \\ \hline \end{array}$$

c) $$\begin{array}{r} 34 \\ \times\ 5 \\ \hline \end{array}$$

d) $$\begin{array}{r} 196 \\ \times\ 2 \\ \hline \end{array}$$

24 O senhor Leandro tem uma loja de brinquedos.

Ele fez uma encomenda à fábrica de bichos de pelúcia: 9 ursos, 7 coelhos e 8 cachorros.

Veja quanto ele pagou por unidade.

Urso: 15 reais	Coelho: 18 reais	Cachorro: 9 reais

Os bichinhos tiveram grande aceitação e foram todos vendidos. Veja por quanto ele vendeu cada um:

As imagens não estão representadas em proporção.

Urso de pelúcia.

Coelho de pelúcia.

Cachorro de pelúcia.

Calcule e responda.

a) Quanto o senhor Leandro pagou à fábrica por toda a encomenda?

____

b) Quanto ele arrecadou na venda de todos os bichos de pelúcia?

____

c) De quanto foi seu lucro nessa venda?

____

25 **CÁLCULO MENTAL**

a) $2 \times 30 =$ _______

b) $4 \times 200 =$ _______

c) $6 \times 20 =$ _______

d) $3 \times 200 =$ _______

e) $5 \times 40 =$ _______

f) $9 \times 50 =$ _______

g) $10 \times 60 =$ _______

h) $5 \times 70 =$ _______

i) $2 \times 400 =$ _______

j) $7 \times 50 =$ _______

Grandezas e medidas: intervalo de tempo e dinheiro

1 Registre no relógio de ponteiros e no digital o horário que aparece em cada informação.

a) Laura tem horário marcado no dentista às 3 horas da tarde.

As imagens não estão representadas em proporção.

AVS-Images/Shutterstock

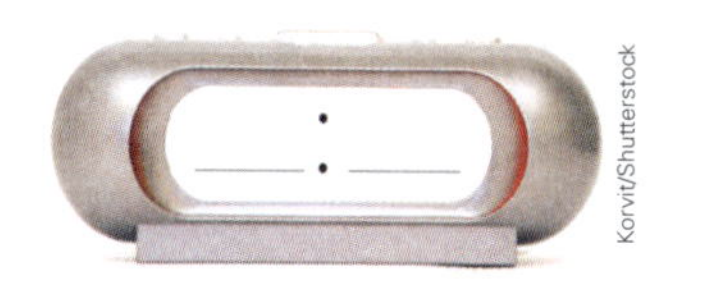
Korvit/Shutterstock

b) A sessão de cinema começa às 8 e meia da noite.

AVS-Images/Shutterstock

Korvit/Shutterstock

c) As aulas de Artur começam às 7 e meia da manhã.

AVS-Images/Shutterstock

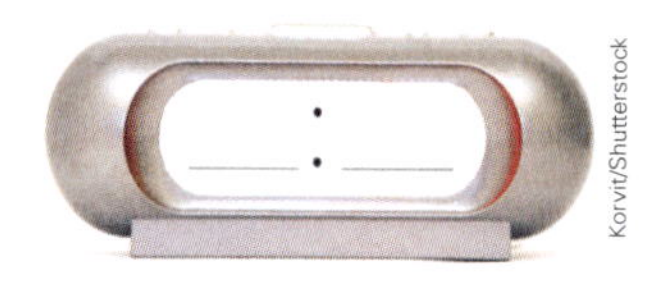
Korvit/Shutterstock

2 Escreva a data por extenso ou com números.

a) 25/4/19 ⟶ ______________________________

b) Doze de junho de 2020 ⟶ ______________________________

c) Primeiro de setembro de 2022 ⟶ ______________________________

d) 6/11/21 ⟶ ______________________________

3 Complete as frases de acordo com o horário que o relógio está marcando.

a)

ThavornC/Shutterstock

As imagens não estão representadas em proporção.

No período da noite, a família de Rute gosta de assistir ao noticiário da TV que começa às ______ horas ou ______ horas da __________.

b)

Korvit/Shutterstock

Marisa começa seu horário de almoço às ______________ da ______________.

4 Assinale o relógio em que o ponteiro pequeno está na posição correta.

Dam Ferreira/Arquivo da editora

Ah! Ilustração/Arquivo da editora

5 Escreva os horários marcados nos relógios.

a)

AVS-Images/Shutterstock

____

c)

AVS-Images/Shutterstock

____

e)

AVS-Images/Shutterstock

____

b)

AVS-Images/Shutterstock

____

d)

AVS-Images/Shutterstock

____

f)

AVS-Images/Shutterstock

____

6 Assinale a alternativa correta sobre a posição do ponteiro pequeno em cada horário.

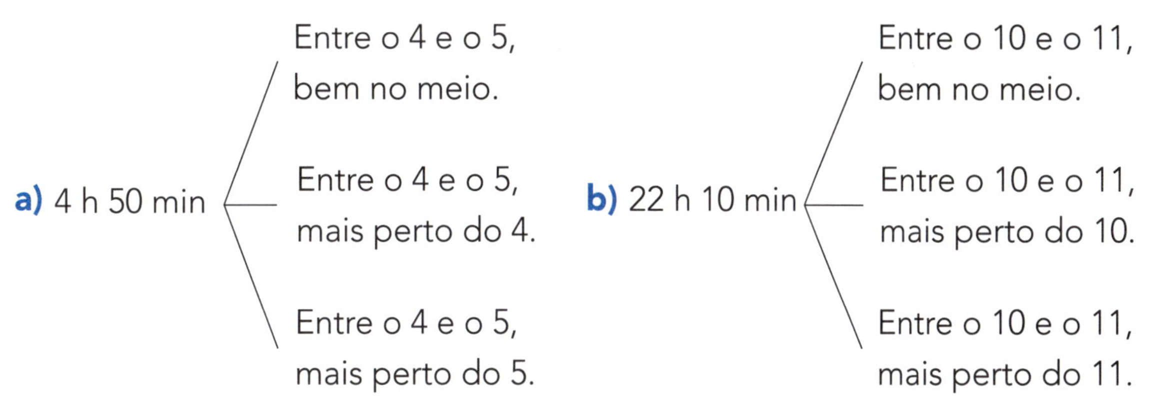

7 Marcos fez uma viagem de carro com a família. Eles saíram de casa às 7 e meia da manhã, viajaram durante 1 h e 20 min, pararam para descansar durante 15 minutos e viajaram mais 1 h e 30 min até chegar ao destino.

Niko25/Shutterstock

Indique os horários nos relógios digitais.

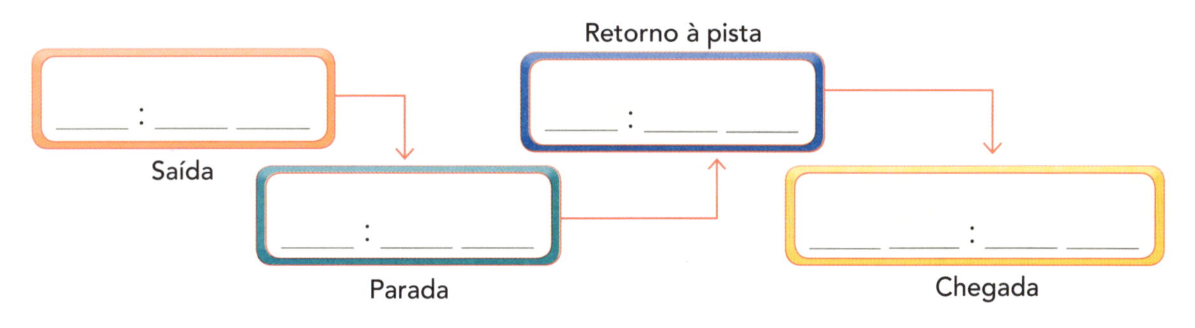

Complete: Da saída até a chegada foram _____ horas e _____ minutos.

8 **ALGUM TEMPO DEPOIS...**

a) 22 h do dia 14/7/19 —5 h depois→ ______________________

b) 13 h do dia 31/12/19 —1 dia depois→ ______________________

c) 10 h do dia 15/3/20 —1 semana depois→ ______________________

d) 8 h do dia 4/10/20 —1 ano depois→ ______________________

9 VAMOS CONTAR QUANTIAS DE DINHEIRO

Veja os exemplos e faça os demais.

As imagens não estão representadas em proporção.

-    50, 150, 152, 154 reais (R$ 154,00)
-    50, 75, 85, 95, 100 centavos ou 1 real (R$ 1,00)
-    5, 15, 15 e 10, 15 reais e 35 centavos (R$ 15,35)

a)    

____

b)     ______________________________

c)     ______________________________

____

d)      ______________________________

____

10 CÁLCULO MENTAL

Registre os resultados.

a) R$ 42,00 + R$ 2,50 = ______________

b) R$ 135,20 − R$ 30,00 = ______________

c) R$ 12,40 − R$ 2,30 = ______________

d) R$ 32,20 + R$ 110,00 = ______________

e) 2 × R$ 3,50 = ______________

f) R$ 20,40 ÷ 2 = ______________

g) 4 × R$ 0,25 = ______________

h) R$ 6,00 ÷ 4 = ______________

- Nos resultados há maior frequência de valores maiores do que R$ 10,00 ou menores do que R$ 10,00? ______________

11 Relacione os quadros com a mesma quantia.

As imagens não estão representadas em proporção.

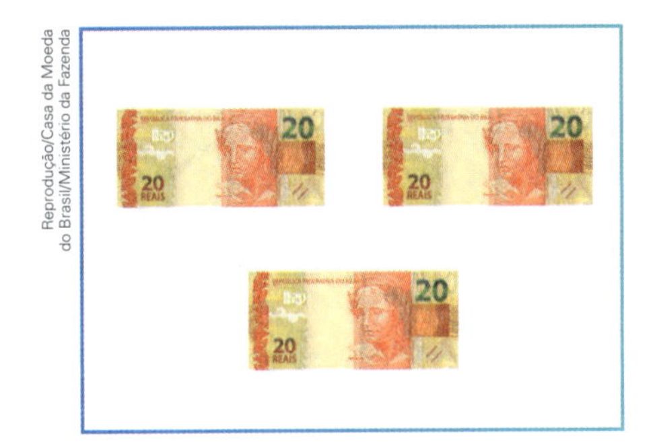

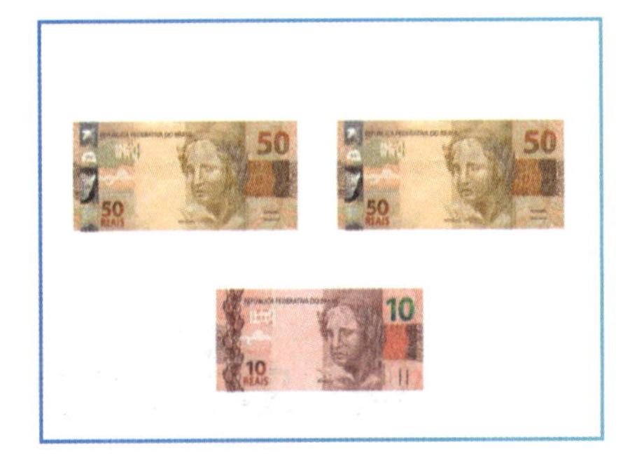

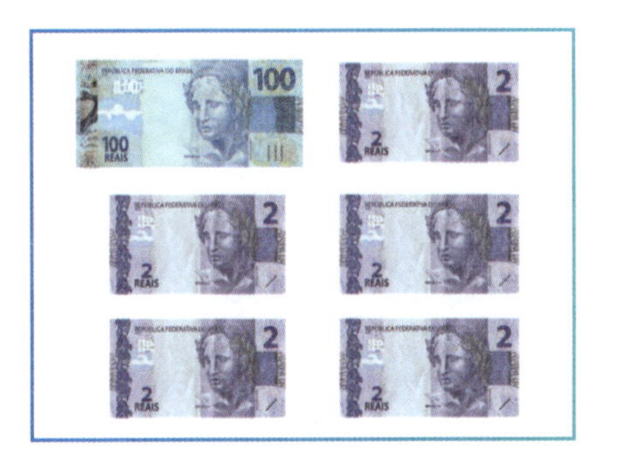

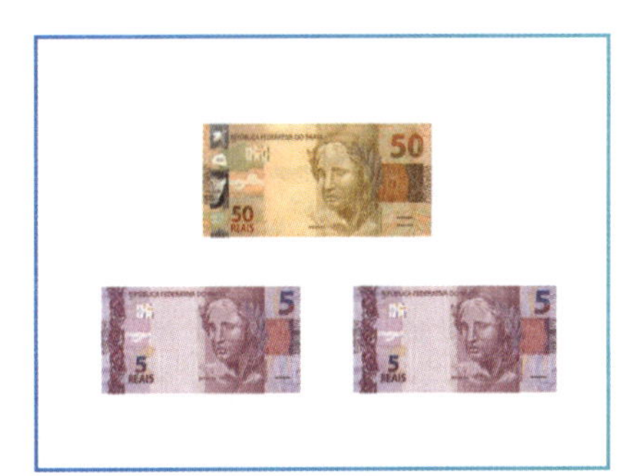

12 PAGAMENTOS COM TROCO

Complete com o que falta em cada linha da tabela.

Com quanto eu paguei	Preço da mercadoria	Quanto recebi de troco
R$ 10,00	R$ 8,70	
R$ 50,00	R$ 42,50	
R$ 20,20	R$ 15,20	
R$ 15,00		R$ 3,00
	R$ 38,00	R$ 12,00

Tabela elaborada para fins didáticos.

13 INTERVALO DE TEMPO E DINHEIRO

As imagens não estão representadas em proporção.

a) Luciano acaba de jantar.

Escreva de duas maneiras diferentes a hora marcada no relógio.

_______________ ou _______________

Miyuki Satake/Shutterstock

Relógio analógico.

b) Complete o que falta.

Um __________ tem 60 segundos, uma hora tem ______ minutos, um dia tem ______ horas, uma semana tem ______ dias, o mês de maio tem ______ dias e um ano tem ______ meses.

c) Responda:

- O calendário ao lado é de que mês?

  ____

- E de que ano? _______________
- As terças-feiras caíram em quais dias do mês?

  ____

- Que dia foi o último sábado do mês?

  ____

MARÇO 2018

Dom.	Seg.	Ter.	Qua.	Qui.	Sex.	Sáb.
				1	2	3
4	5	6	7	8	9	10
11	12	13	14	15	16	17
18	19	20	21	22	23	24
25	26	27	28	29	30	31

Richard Laschon/Shutterstock

Calendário.

d) Escreva a quantia que cada criança tem.

Raul.

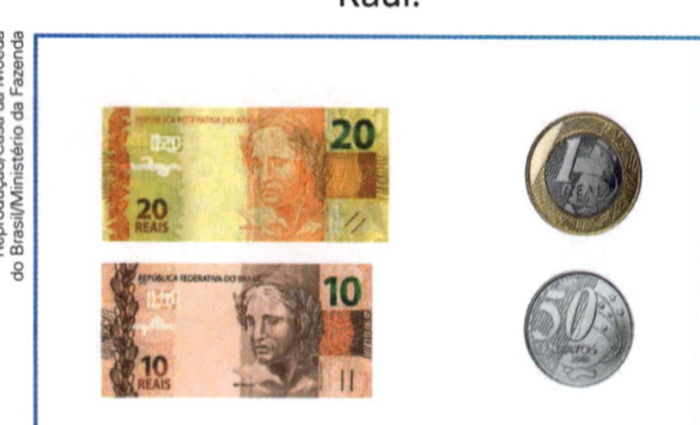

Reprodução/Casa da Moeda do Brasil/Ministério da Fazenda

____

Ester.

____

e) Responda: Como obter R$ 3,25 com 1 nota e 4 moedas?

____

____

14 TESTES

a) O relógio ao lado está marcando:

- [ ] 8 h 5 min.
- [ ] 9:25.
- [ ] 8:25.
- [ ] 8 h 30 min.

Miyuki Satake/Shutterstock

Relógio analógico.

b) Às duas horas e meia da tarde como está o relógio digital?

Jotah Ilustrações/Arquivo da editora

- [ ] 12:05
- [ ] 14:30
- [ ] 18:30
- [ ] 13:30

As imagens não estão representadas em proporção.

c) Mariana tinha R$ 10,00, comprou um cacho de uvas e ainda ficou com R$ 3,50. O cacho de uvas custou:

- [ ] R$ 6,50.
- [ ] R$ 7,50.
- [ ] R$ 5,50.
- [ ] R$ 8,50.

Tim UR/Shutterstock

?

Cacho de uvas.

d) Podemos obter exatamente R$ 1,00 com:

- [ ] 8 moedas de R$ 0,10.
- [ ] 20 moedas de R$ 0,05.
- [ ] 3 moedas de R$ 0,25.
- [ ] 10 moedas de R$ 0,05.

e) Consulte um calendário e responda: O último dia do mês de junho de 2025 será:

- [ ] 31/6/25.
- [ ] 30/7/25.
- [ ] 30/6/25.
- [ ] 31/7/25.

15 CINEMA: UM PROGRAMA LEGAL!

Paula (9 anos) foi ao cinema com sua amiga Rafaela (10 anos), seu irmão Lucas (16 anos), sua mãe (38 anos) e seu avô (62 anos).

Ilustra Cartoon/Arquivo da editora

Veja o preço dos ingressos:

Crianças com 15 anos ou menos e adultos com 60 anos ou mais: R$ 8,00 cada um.
Demais pessoas: R$ 16,00.

Chris Borges/Arquivo da editora

Calcule e responda às questões:

a) A sessão começou às 15 h 30 min e terminou às 17 h 10 min.

Qual foi a duração da sessão? ______________________

b) A duração do filme foi de 1 hora e 30 minutos. Antes foram exibidos *trailers* de outros filmes.
Qual foi a duração dos *trailers* em segundos? ____________

c) Qual foi a despesa total com os ingressos das 5 pessoas? ____________

d) Durante a sessão o grupo consumiu 3 saquinhos grandes de pipoca, de R$ 6,00 cada um, 2 saquinhos pequenos de pipoca, de R$ 4,00 cada um, e 4 copos de suco, de R$ 5,00 cada um. Qual foi a despesa total do grupo com pipoca e suco? ______________________

Divisão

1 **a)** Paulinho tem 12 figurinhas e quer reparti-las igualmente em 3 páginas de seu álbum $(12 \div 3)$.

Desenhe as figurinhas e depois complete os espaços a seguir.

Número total de figurinhas: ______. Número de páginas: ______.

Número de figurinhas em cada página: ______.

Divisão correspondente: ______ ÷ ______ = ______.

b) Rute tem 8 flores e vai colocar 2 flores em cada vaso (8 ÷ 2).

Desenhe os vasos com as flores. Depois, complete nos traços.

Número total de flores: ______. Número de flores em cada vaso: ______.

Número de vasos: ______.

Divisão correspondente: ______ ÷ ______ = ______.

2 Descubra e complete.

a) Marcos repartiu igualmente 20 reais entre seus dois filhos.

Cada um recebeu ______ reais (______ ÷ ______ = ______).

b) Para ter a quantia de 30 reais só com notas de 10 reais precisamos de ______ notas (______ ÷ ______ = ______).

3 Renato efetuou a divisão 18 ÷ 6, verificando quantas vezes o 6 "cabe" em 18.

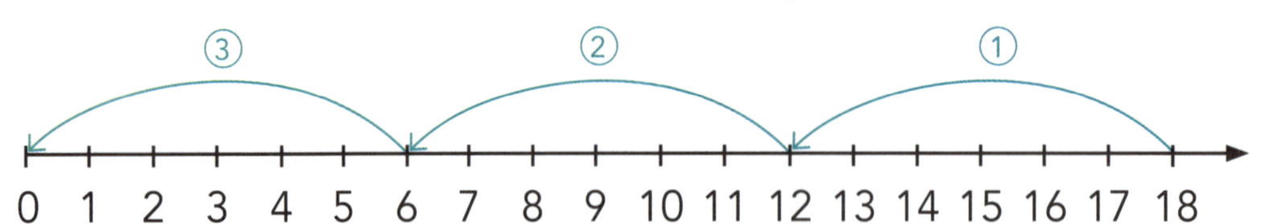

Ilustrações: Banco de imagens/Arquivo da editora

Cabe 3 vezes. Logo, 18 ÷ 6 = _______.

Use a reta numerada e efetue: 16 ÷ 4 = _______.

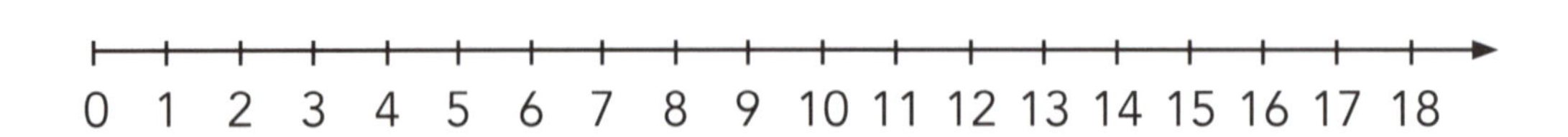

4 CÁLCULO MENTAL

Veja como as crianças efetuaram mentalmente algumas divisões.

60 ÷ 2 = 30

800 ÷ 4 = 200

Ilustrações: Dam Ferreira/Arquivo da editora

120 ÷ 3 = 40

200 ÷ 5 = 40

Pense, use o processo que julgar melhor, calcule mentalmente e registre. Depois, confira com os colegas.

a) 80 ÷ 2 = _______

b) 900 ÷ 3 = _______

c) 400 ÷ 5 = _______

d) 30 ÷ 6 = _______

e) 160 ÷ 4 = _______

f) 300 ÷ 2 = _______

5 Márcia e Roberto queriam dividir igualmente 15 mexericas. Veja como eles fizeram e complete as frases a seguir.

- Márcia usou a ideia de repartir igualmente e distribuiu 15 mexericas em 5 grupos.

Peter Kirillov/Shutterstock

Cada grupo tem _____ mexericas.

- Roberto usou a ideia de "quantos cabem". Ele colocou 15 mexericas em grupos de 5.

Peter Kirillov/Shutterstock

Foram formados _____ grupos.

Conclusão: $15 \div 5 =$ _____.

6 Faça desenhos da forma que quiser e efetue as divisões.

a) $12 \div 2 =$ _____

b) $14 \div 7 =$ _____

c) $9 \div 3 =$ _____

7 Ana resolveu efetuar divisões usando a multiplicação, operação inversa da divisão.

Veja:

- $6 \div 3 = 2$, pois $2 \times 3 = 6$ ou $3 \times 2 = 6$.
- $21 \div 7 = 3$, pois $3 \times 7 = 21$ ou $7 \times 3 = 21$.

Use a multiplicação, descubra o resultado da divisão e registre.

a) $20 \div 5 =$ _____, pois _____.

b) $10 \div 2 =$ _____, pois _____.

c) $24 \div 4 =$ _____, pois _____.

8 DIVISÃO NÃO EXATA

Veja o que aconteceu quando Ronaldo quis repartir igualmente 10 lápis em 3 caixas.

Ilustrações: Jótah Ilustrações/Arquivo da editora

As imagens não estão representadas em proporção.

- Complete:

_____ lápis no total.

_____ caixas.

_____ lápis em cada caixa.

Sobrou _____ lápis.

Divisão correspondente:

_____ ÷ _____ = _____

e resto _____

Verificação: _____ × _____ = _____

_____ + _____ = _____

- Faça desenhos e registre mais esta divisão não exata:

10 ÷ 4 = _____ e resto _____.

9 CÁLCULO MENTAL

Calcule mentalmente e registre.

a) Os 90 alunos do 3º ano foram separados em 3 classes com o mesmo número de alunos. Quantos alunos tem cada classe? _____

b) Mário comprou a bermuda e a camiseta e vai pagar tudo em 5 prestações iguais. De quanto será cada prestação?

_____

Irina Rogova/Shutterstock

Africa Studio/Shutterstock

10 Complete para se lembrar dos significados.

a) A metade de 60 é _____, porque _____ ÷ _____ = _____.

b) A terça parte de 12 é _____, porque _____ ÷ _____ = _____.

c) A quarta parte de 20 é _____, porque _____ ÷ _____ = _____.

11 ALGORITMO USUAL DA DIVISÃO

Responda às questões para justificar as passagens.

a)

54	6
− 54	9
0	

- É possível dividir 5 dezenas por 6 e obter uma ou mais dezenas? __________
- Como foi obtido o 9? __________
- Essa divisão é exata? Por quê? __________

Indique a divisão: ____ ÷ ____ = ____

b)

69	2
− 6	34
09	
− 8	
1	

- Como foi obtido o algarismo 3 no resultado? __________
- E o algarismo 4? __________
- Essa divisão é exata? Por quê? __________
- Como é sua verificação? __________

Indique a divisão: ____ ÷ ____ = ____, com resto ____

c)

75	5
− 5	15
25	
− 25	
0	

- Como foi obtido o algarismo 1 no resultado? __________
- O que indica o 25 no algoritmo? __________
- Como foi obtido o algarismo 5 no resultado? __________

Indique a divisão: ____ ÷ ____ = ____

12 Efetue mais estas divisões pelo algoritmo usual.

a) 32 | 8

b) 96 | 3

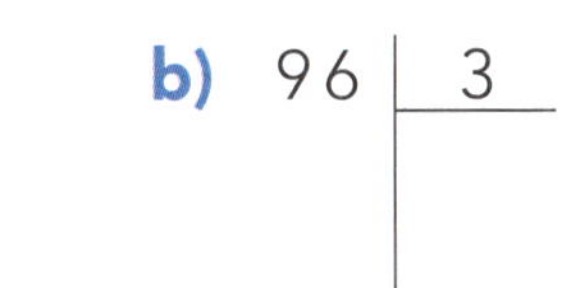

c) 54 | 2

13 **MAIS ALGORITMO USUAL DA DIVISÃO.**

Analise os exemplos, procure entender cada passagem e efetue as demais divisões.

```
 826 | 2          247 | 3         847 | 7        770 | 5
-8   +----       -24  +----      -7   +----     -5   +----
 02    413         07    82       14    121      27    154
-2                -6             -14             -25
 06                1               07              20
-6                                -7              -20
  0                                 0               0
```

a) 168 | 4

c) 754 | 2

e) 675 | 6

b) 448 | 2

d) 376 | 5

f) 936 | 9

14 Faça a verificação das divisões dos itens **c** e **e** da atividade anterior.

a) 754 ÷ 2 = ______

b) 675 ÷ 6 = ______ e resto ______

15 VOCABULÁRIO DE MATEMÁTICA. VAMOS TESTAR?

Calcule e registre.

a) A soma de 121 e 83 é ____________.

b) O dobro de 423 é ____________.

c) O quociente de 20 por 2 é ________.

d) A quinta parte de 120 é __________.

e) A diferença entre 103 e 5 é _______.

f) O triplo de 66 é ____________.

g) A metade de 436 é ____________.

h) O produto de 40 e 20 é __________.

16 Faça uma redução da região plana abaixo, mantendo a mesma forma e considerando a terça parte de todos os lados.

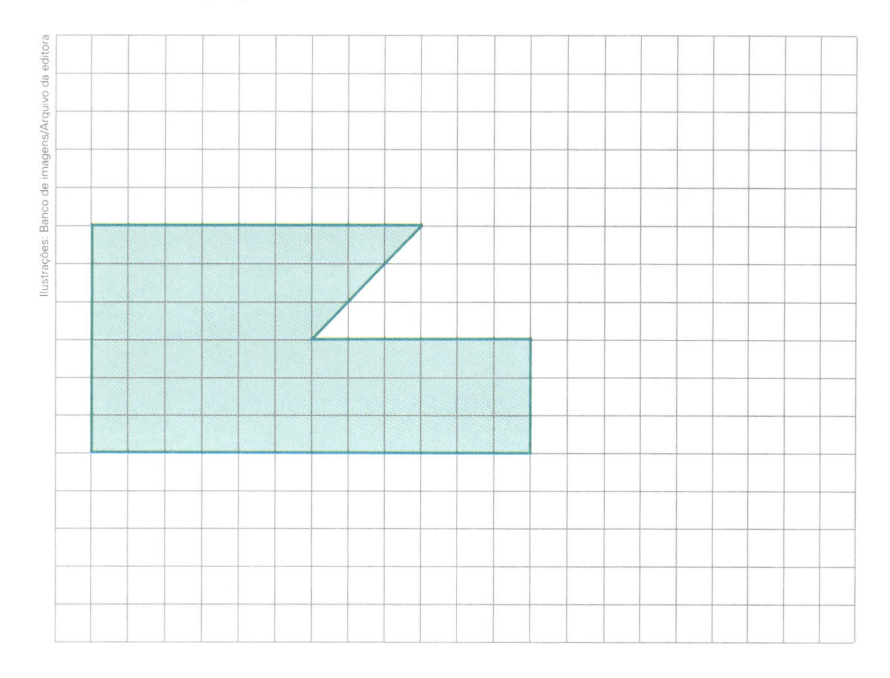

17 Calcule utilizando operações inversas e complete as afirmações.

a) A décima parte do mês de abril tem __________ dias.

b) A décima parte de 3 minutos tem __________ segundos.

c) A décima parte de 1 quilograma corresponde a __________ gramas.

18 ARREDONDAMENTO, CÁLCULO MENTAL, RESULTADO APROXIMADO E USO DA CALCULADORA

Calcule mentalmente e assinale o valor mais próximo do valor exato.
Depois use uma calculadora, descubra o valor exato e confira sua aproximação.

a) Paulo tinha 502 reais na poupança e fez um depósito de 399 reais. Agora ele tem aproximadamente:

☐ 700 reais. ☐ 800 reais. ☐ 900 reais.

Valor exato que ele tem: ________ reais.

b) Em um estacionamento há 5 setores com 49 vagas em cada um. Este estacionamento tem aproximadamente:

☐ 200 vagas. ☐ 250 vagas. ☐ 300 vagas.

Número exato de vagas: ________.

c) Um carro já percorreu 501 km de um percurso total de 598 km. Para completar o percurso faltam aproximadamente:

☐ 100 km. ☐ 50 km. ☐ 150 km.

Faltam exatamente: ________ km.

d) Um fornecedor distribuiu igualmente 796 quilogramas de arroz para 4 supermercados. Cada um deles recebeu aproximadamente:

☐ 400 kg. ☐ 300 kg. ☐ 200 kg.

Cada supermercado recebeu exatamente ________ kg de arroz.

19 MAIS PAPEL RECICLADO, MENOS ÁRVORES CORTADAS!

Na escola de Paulinho foi feita uma campanha, entre as classes do 1º ao 5º ano, de arrecadação de jornal para reciclagem.

- O 1º ano arrecadou 30 kg a menos do que o 2º.
- O 3º ano arrecadou o dobro do 1º.
- O 4º ano arrecadou a metade do 2º ano.
- O 5º ano arrecadou 60 kg a mais do que o 1º ano.

a) Complete tudo o que falta no gráfico e na tabela. Veja que, no gráfico, o 2º ano já está pronto.

Banco de imagens/Arquivo da editora

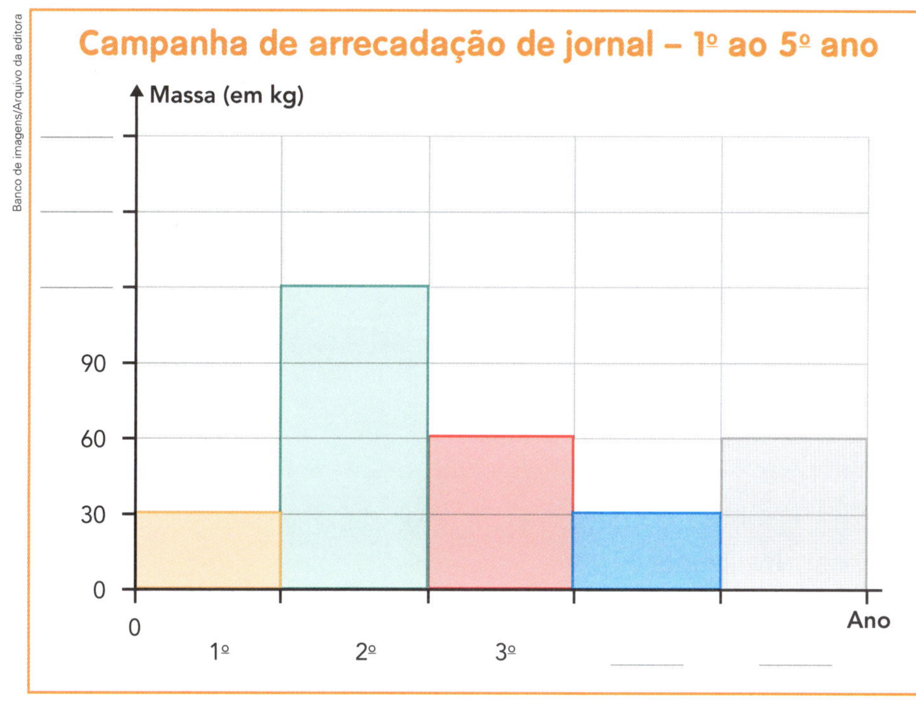

Gráfico elaborado para fins didáticos.

Campanha de arrecadação de jornal – 1º ao 5º ano

Ano	Massa (em kg)
1º	
2º	

Tabela elaborada para fins didáticos.

b) Agora, calcule e responda.

- Qual o ano que mais arrecadou jornal? ______
- Quantos quilogramas foram arrecadados na campanha? ______
- O material todo foi transportado em 5 pacotes de mesmo "peso".

  Quanto pesou cada pacote? ______

Grandezas e medidas: comprimento, massa e capacidade

1 Observe os 4 livros de Júlia, vistos de frente.

Ilustrações: Ilustra Cartoon/Arquivo da editora

A

B

C

D

Indique a letra correspondente ao livro:

As imagens não estão representadas em proporção.

a) mais alto: __________.

b) mais baixo: __________.

c) mais largo: __________.

d) mais estreito: ________.

e) que tem a largura e a altura iguais : __________.

2 Observe as imagens a seguir, contorne o copo mais cheio e faça um **X** no que estiver menos cheio.

Fotos: DenisNata/Shutterstock

Agora, responda:

Você acha que cada um desses copos tem mais ou menos de 1 litro?

____

3 Assinale com **X** só as afirmações em que as unidades de medida estão sendo usadas de forma conveniente.

As imagens não estão representadas em proporção.

a) Paulo e seus amigos tomaram 6 metros de suco.

b) Na viagem que fez, o carro de João percorreu 252 quilômetros.

c) Dona Lúcia comprou 2 quilogramas de carne.

d) Rodrigo caminhou 500 metros em volta da praça.

e) A altura da girafa era de 3 toneladas.

f) Na receita do bolo vão 3 copos de leite.

g) Mariana precisou de 40 centímetros de fita para embrulhar o presente.

h) Lúcia colocou 30 gramas de queijo no seu sanduíche.

i) A balança registrou que a melancia tem 3 litros.

j) O caminhão carregado de areia pesa 4 toneladas.

k) Renato costuma tomar 2 litros de água por dia.

Gregory Gerber/Shutterstock

Jarra e copos com suco.

Pixfiction/Shutterstock

Melancia inteira.

G_Tech/Shutterstock

Girafa.

4 Qual seria a unidade de medida adequada para cada um dos itens não assinalados na atividade anterior?

____

____

____

5 Analise os itens assinalados na atividade 3 e complete as informações abaixo indicando as letras de acordo com o tipo de grandeza envolvida.

- Medida de comprimento: itens ________, ________ e ________.
- Medida de massa: itens ________, ________ e ________.
- Medida de capacidade: itens ________ e ________.

6 Faça uma estimativa da medida de comprimento das faixas pintadas por Denise e, em seguida, usando uma régua, confira a medida real e registre tudo no quadro.

Banco de imagens/Arquivo da editora

Faixa	Estimativa	Medida em centímetros
Verde		
Vermelha		
Amarela		
Azul		

- Usando uma régua e lápis de cor laranja, desenhe uma faixa de 6 centímetros.

- Agora, responda:

a) Suas estimativas foram próximas dos valores reais?

____

b) Qual foi a diferença entre o valor que você estimou como medida da faixa vermelha e a medida real dessa faixa?

____

c) Qual das faixas mede o dobro do tamanho da faixa amarela?

____

d) Qual das faixas mede a metade do tamanho da faixa vermelha?

____

e) A faixa laranja que você desenhou é maior ou menor do que a faixa azul?

____

f) Se você fosse desenhar uma faixa com o dobro do tamanho da faixa laranja, quanto ela deveria medir?

____

7 Entre as linhas desenhadas abaixo, há duas com medidas de comprimento iguais. Assinale quais são elas.

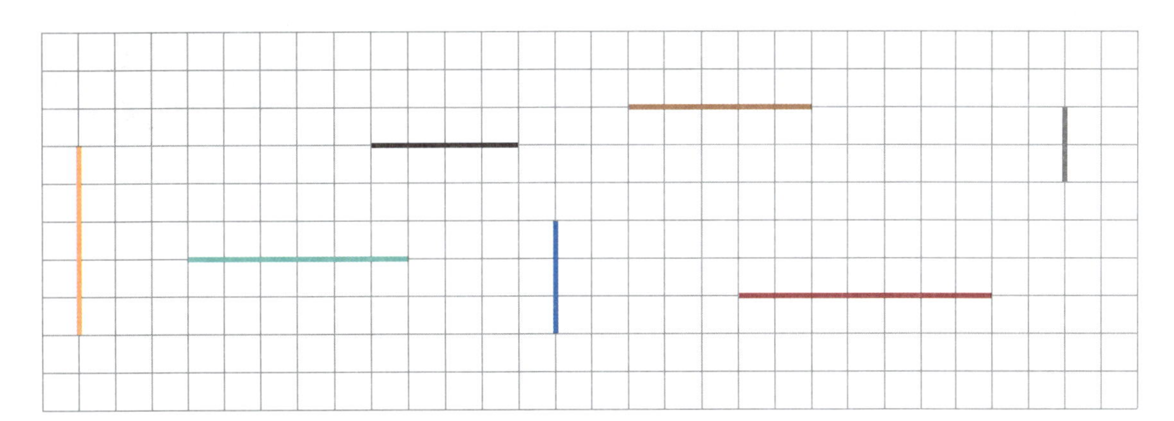

8 Assinale a alternativa mais adequada em cada caso.

As imagens não estão representadas em proporção.

Prokrida/Shutterstock

a) Altura de uma porta.
- 1 m
- 2 m
- 5 m

b) Medida do comprimento de uma caneta.

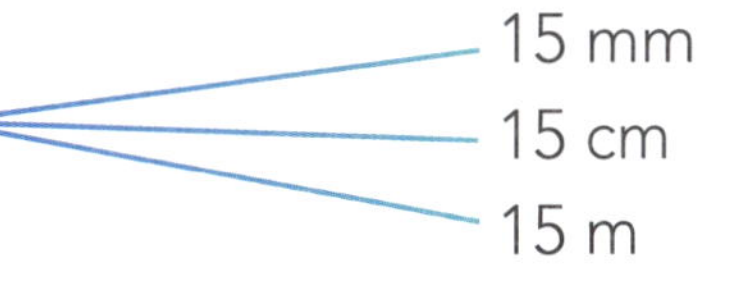

- 15 mm
- 15 cm
- 15 m

Oleg Golovnev/Shutterstock

c) Medida da distância de uma esquina a outra em um mesmo quarteirão.

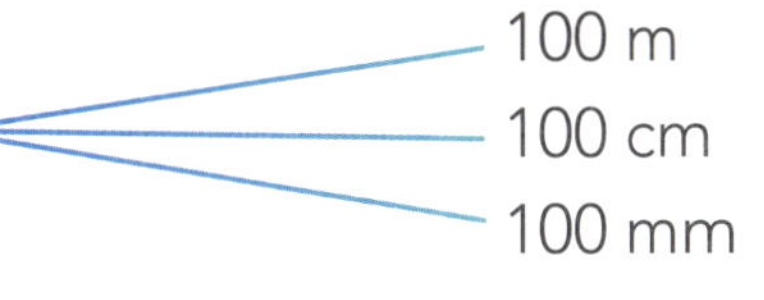

- 100 m
- 100 cm
- 100 mm

Kenneth Carlson/Shutterstock

d) Medida do comprimento de um clipe.

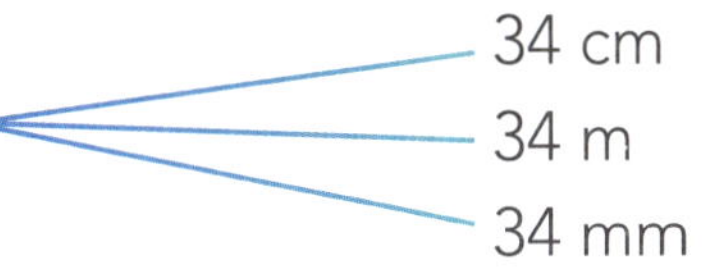

- 34 cm
- 34 m
- 34 mm

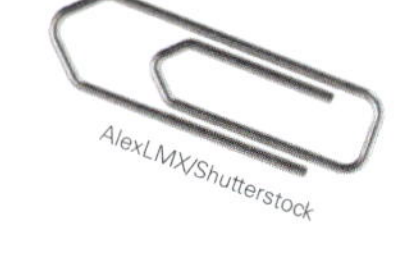
AlexLMX/Shutterstock

e) Medida da distância aproximada de João Pessoa (PB) a Natal (RN).

- 160 km
- 160 m
- 160 cm

f) Altura de um prédio.
- 60 km
- 60 cm
- 60 m

PaulPaladin/Shutterstock

9 MILIGRAMA, GRAMA, QUILOGRAMA E TONELADA

Use a unidade de medida de massa mais adequada (miligrama, grama, quilograma ou tonelada) e complete as sentenças.

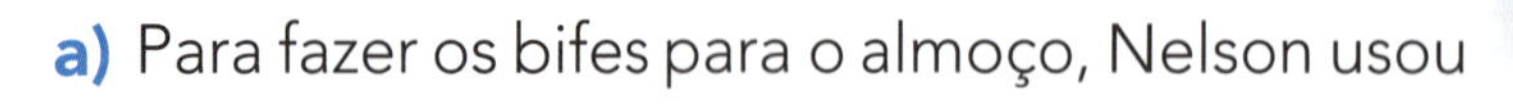

a) Para fazer os bifes para o almoço, Nelson usou

1 ________________ de carne.

Prato de comida.

Diogoppr/Shutterstock

b) Marcelo foi à feira e comprou 200 ________________ de tomate.

c) O "peso" de um grão de areia é de aproximadamente 2 ____________.

As imagens não estão representadas em proporção.

d) O hipopótamo que Ana viu no zoológico

pesava 3 ________________.

e) A irmã de Caroline nasceu com

3 ________________.

f) 1 copo de suco de laranja tem cerca de

70 ____________ de vitamina C.

Bebê recém-nascido.

Tomsickova Tatyana/Shutterstock

10 O preço de 1 quilograma de maçãs é R$ 4,00. Complete:

a) O preço de 3 quilogramas de maçãs é R$ ____________.

b) R$ 20,00 é o preço de ________ quilogramas de maçãs.

11 Assinale a única balança que está com os pratos na posição correta.

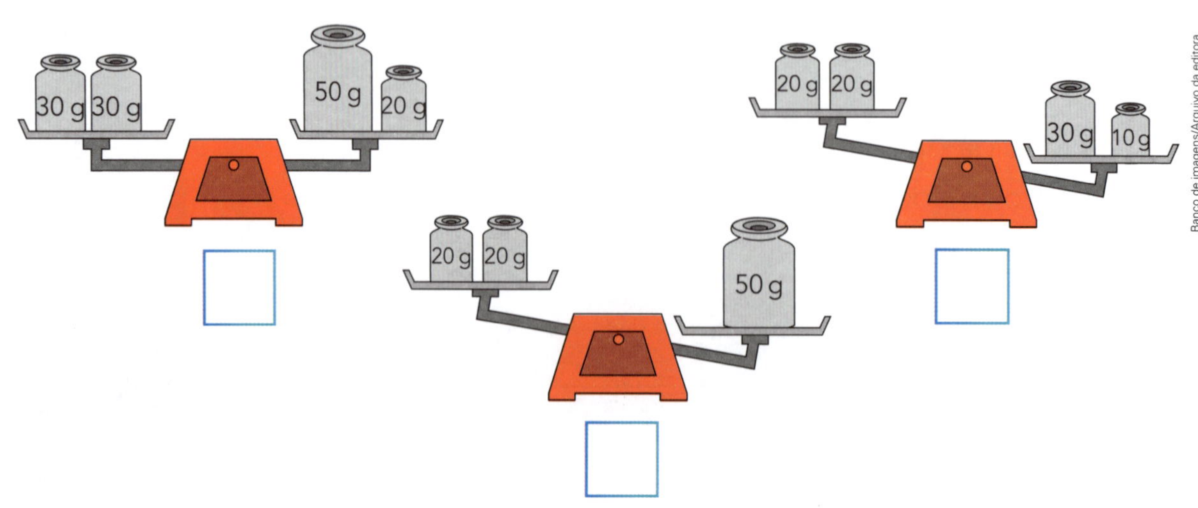

Banco de imagens/Arquivo da editora

12 EXAME BIOMÉTRICO NAS ESCOLAS

O exame biométrico é obrigatório em várias redes públicas de ensino do país. O objetivo é avaliar a altura e o peso dos alunos para que recebam orientações adequadas sobre obesidade, ou seja, o excesso de peso, na infância e na adolescência.

Quem faz o exame biométrico nas escolas é o professor de Educação Física, que recebe treinamento para a execução de medidas e análise dos resultados. Em geral, as orientações de prevenção e cura são compartilhadas com os familiares ou responsáveis pelos alunos.

Veja na tabela e no gráfico abaixo alguns dados sobre os exames biométricos efetuados na turma de Vinícius.

"Peso" dos alunos do 3º ano B

"Peso"	Número de alunos
Mais do que 26 kg	9
26 kg	10
Menos do que 26 kg	8

Tabela elaborada para fins didáticos.

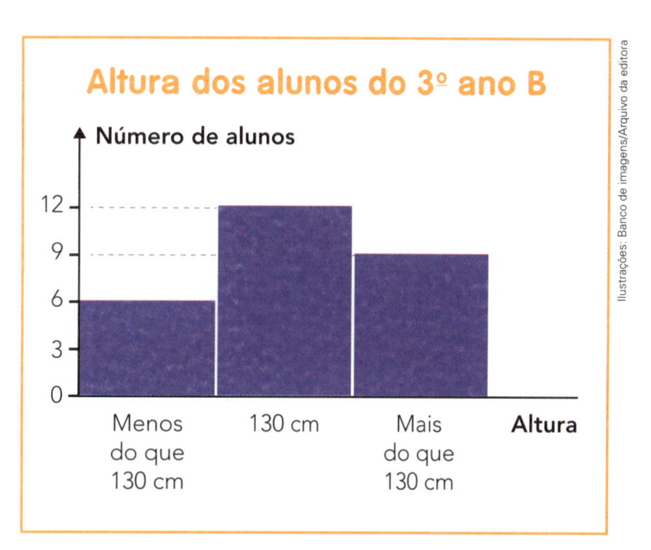

Gráfico elaborado para fins didáticos.

- Determine o número de alunos da turma de Vinícius de duas maneiras diferentes: usando os dados da tabela e os dados do gráfico.

  Na turma de Vinícius há ________ alunos.

- Complete.

  a) Número de alunos com "peso" diferente de 26 kg: ________________

  b) Número de alunos com altura menor do que 130 cm: ________________.

  c) O número de alunos com ________________________________

  é a metade do número de alunos com ________________________.

13 Meça o comprimento do seu pé usando como unidade um clipe, um palito de sorvete e depois o centímetro. Depois, registre as medidas.

_______ clipes _______ palitos _______ cm

14 Todas as vasilhas desenhadas abaixo são iguais. Verifique quanto cada uma tem de água.

As imagens não estão representadas em proporção.

A B C D

Estúdio Félix Reiners/Arquivo da editora

Agora vamos deixar duas vasilhas totalmente cheias e duas vazias. Complete e depois confira com os colegas.

Despejar a água de _______ em _______ e despejar a água de _______ em _______.

As imagens não estão representadas em proporção.

15 A caixa ou a garrafa de leite que compramos na padaria ou no supermercado têm medida de capacidade igual a 1 litro.
Assinale com **X** os recipientes com capacidade maior do que 1 litro e com ● os com capacidade menor do que 1 litro.

LEITE 1L

LEITE 1L

Jótah Ilustrações/Arquivo da editora

☐ balde comum

☐ latinha de refrigerante

☐ copo comum

☐ banheira

☐ caixa-d'água de uma casa

☐ pia comum

☐ colher de sopa

☐ xícara de chá

Ilustrações: Ah! Ilustração/Arquivo da editora

16 Para encher um tanque com capacidade de 300 litros, uma torneira deve ficar aberta por 1 hora.

Dotta2/Arquivo da editora

Calcule e responda.

a) Para encher metade do tanque, quantos litros a torneira deve despejar? ______________

E por quanto tempo ela deve ficar aberta? ______________

b) Quantos litros essa torneira despeja em 20 minutos? ______________

c) Em quantos minutos essa torneira aberta despeja 50 L de água?

____

17 **TESTES**

As imagens não estão representadas em proporção.

Assinale a alternativa correta.

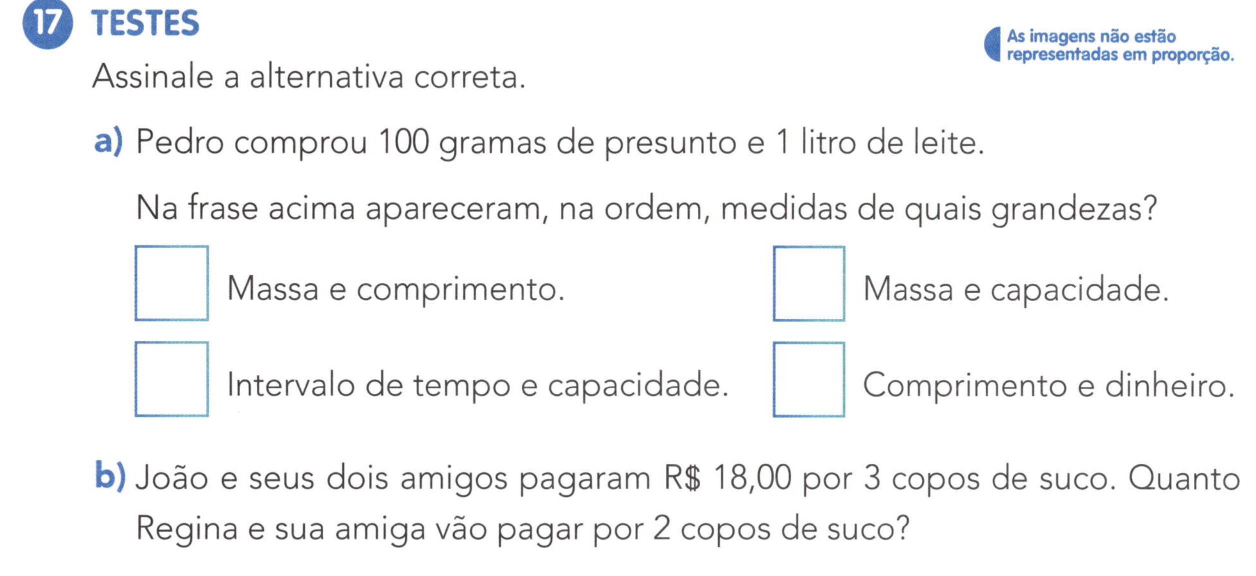

a) Pedro comprou 100 gramas de presunto e 1 litro de leite.

Na frase acima apareceram, na ordem, medidas de quais grandezas?

- [ ] Massa e comprimento.
- [ ] Massa e capacidade.
- [ ] Intervalo de tempo e capacidade.
- [ ] Comprimento e dinheiro.

b) João e seus dois amigos pagaram R$ 18,00 por 3 copos de suco. Quanto Regina e sua amiga vão pagar por 2 copos de suco?

- [ ] R$ 6,00
- [ ] R$ 14,00
- [ ] R$ 12,00
- [ ] R$ 10,00

Iurii Kachkovskyi/Shutterstock

Mama_mia/Shutterstock

Suco de morango. Suco de limão.

Números maiores do que 1000

1 Observe a sequência de números abaixo:

0, 1, 2, 3, 4, 5, 6, ...

- Responda:

  a) Que nome é dado a essa sequência?

  ____

  b) O que indicam os 3 pontinhos (reticências) no final?

  ____

- Analise algumas partes dessa sequência e complete com o que falta.

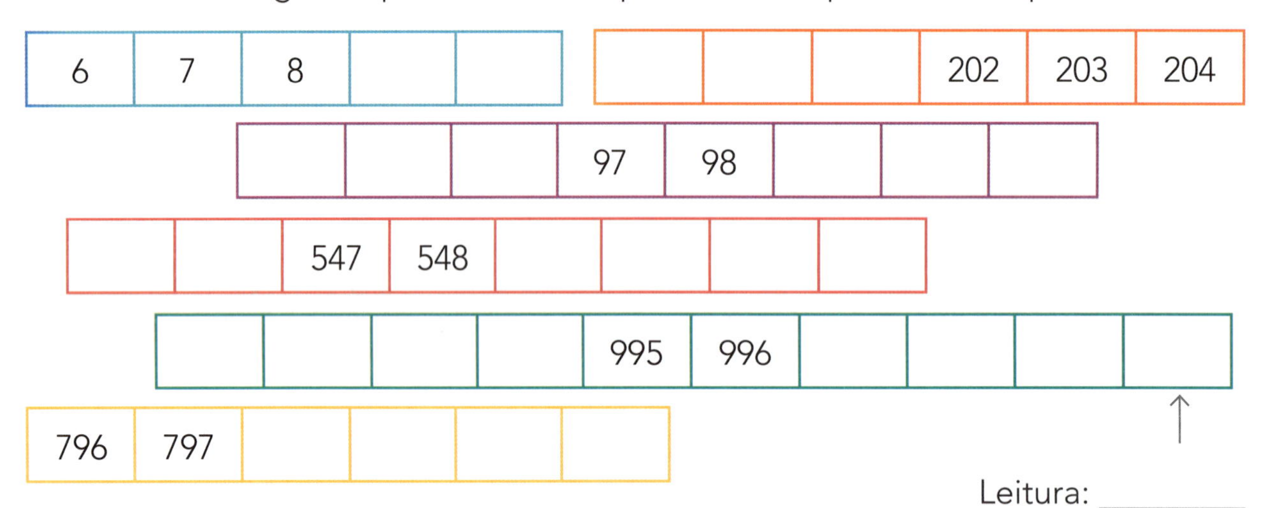

Leitura: __________

2 Indique o que representa cada peça do material dourado.
A primeira já está pronta.

Ilustrações: Banco de imagens/Arquivo da editora

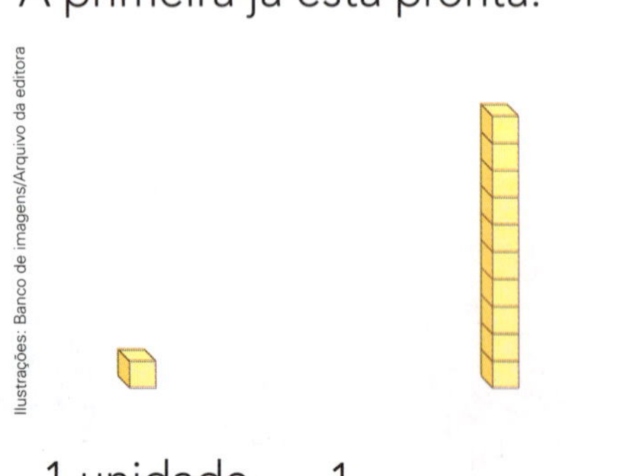

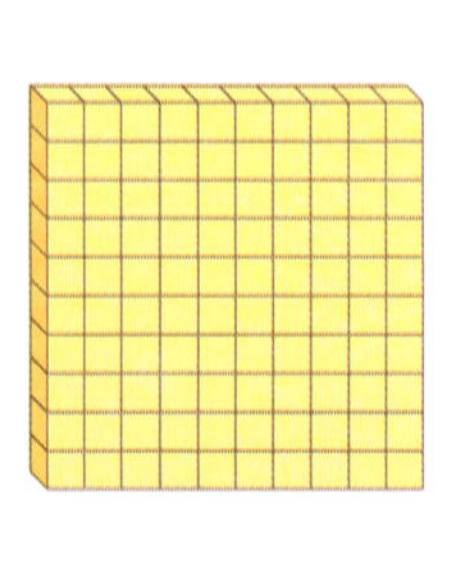

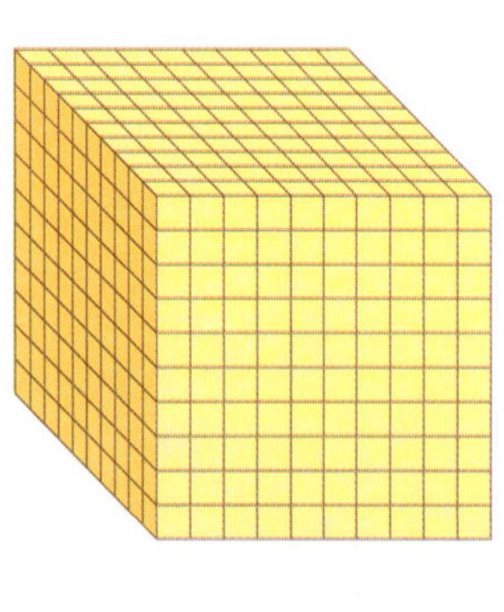

1 unidade | 1 __________ | 1 __________ | 1 __________

(1) um | (______) ______ | (______) ______ | (______) ______

3 Veja o exemplo e faça os demais.

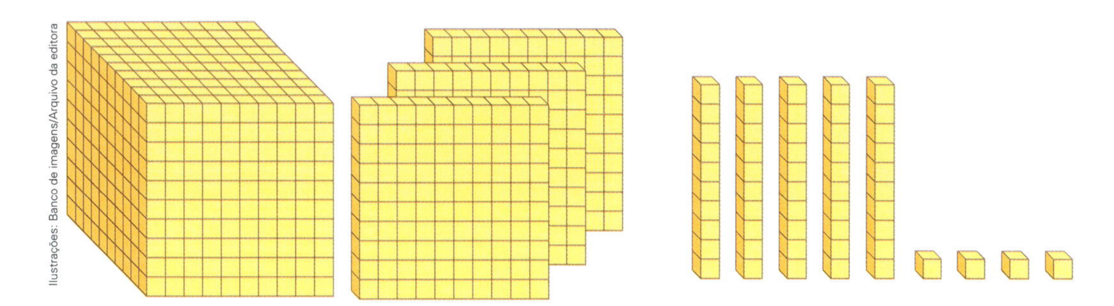

1 000 + 300 + 50 + 4 ⟶ 1 354 (mil, trezentos e cinquenta e quatro)

a)

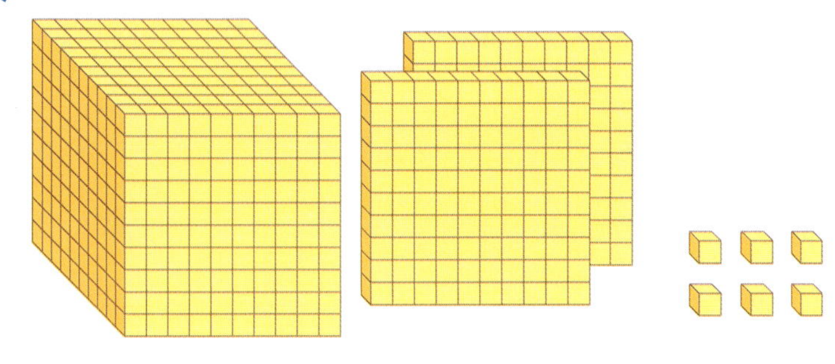

____

b)

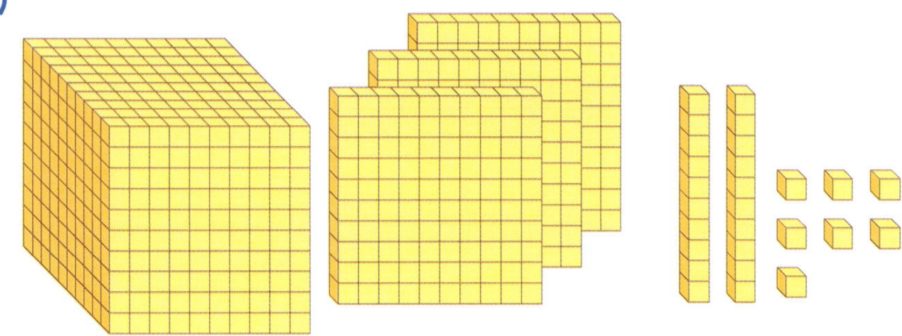

____

4 Faça a composição indicada em cada item e escreva como é a leitura do número obtido.

a) 1 000 + 200 + 30 = ________ ________________________

b) 1 000 + 9 = ________ ________________________

c) 1 000 + 500 + 80 + 1 = ________ ________________________

5 Escreva:

a) três adições com resultado 1000: ______________________________

____

____

b) três multiplicações com resultado 1000: ______________________________

____

____

6 O pai de Marcos tem 13 notas de R$ 100,00, 3 notas de R$ 50,00, 2 notas de R$ 20,00 e 3 notas de R$ 5,00.

Qual é a quantia total que ele tem? ______________________________

7 MILHARES INTEIROS OU MILHARES EXATOS

- Complete a sequência.

1 milhar → 1000, 2×1000 → 2000, 3×1000 → ______, 4×1000 → ______, 5×1000 → ______,

______, ______, ______, ______, ______, ...

↑ 6×1000, ↑ 7×1000, ↑ 8×1000, ↑ 9×1000, ↑ 10×1000

- Efetue as operações mentalmente.

a) $4000 + 3000 =$ ______

b) $7000 - 2000 =$ ______

c) $4 \times 2000 =$ ______

d) $6000 \div 3 =$ ______

- Qual foi o maior número obtido como resultado das operações acima? E o menor? ______________________________

8 Faça a decomposição de cada número usando milhares inteiros, centenas inteiras, dezenas inteiras e unidades.

a) 6 507 = ________ + ________ + ________

b) 2 742 = ________ + ________ + ________ + ________

c) 9 930 = ________ + ________ + ________

d) 7 008 = ________ + ________

e) 5 300 = ________ + ________

9 Escreva o número correspondente.

a) Três mil, oitocentos e vinte e quatro ⟶ ____________

b) Oito mil e quinze ⟶ ____________

c) Quatro mil, quinhentos e noventa ⟶ ____________

d) Sete mil e quatrocentos ⟶ ____________

e) Seis mil e seis ⟶ ____________

f) Mil, seiscentos e quarenta e nove ⟶ ____________

g) Onze mil, quatrocentos e vinte e três ⟶ ____________

10 Escreva os números dos quadrinhos em ordem crescente.

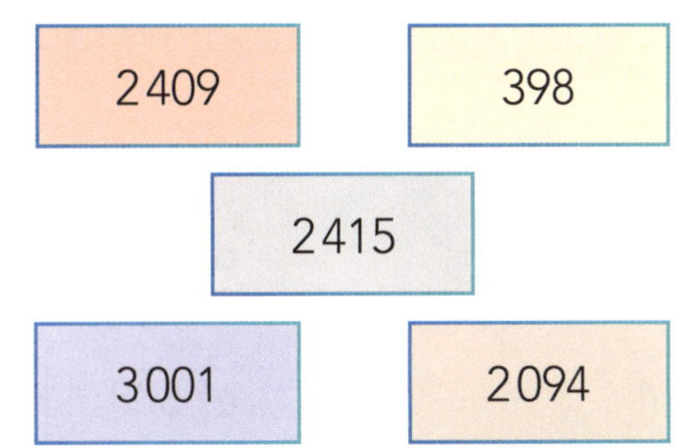

________, ________, ________, ________ e ________.

11 Analise os números dos quadros com atenção.

Depois, localize-os na reta numerada colocando as letras correspondentes nos pontos assinalados.

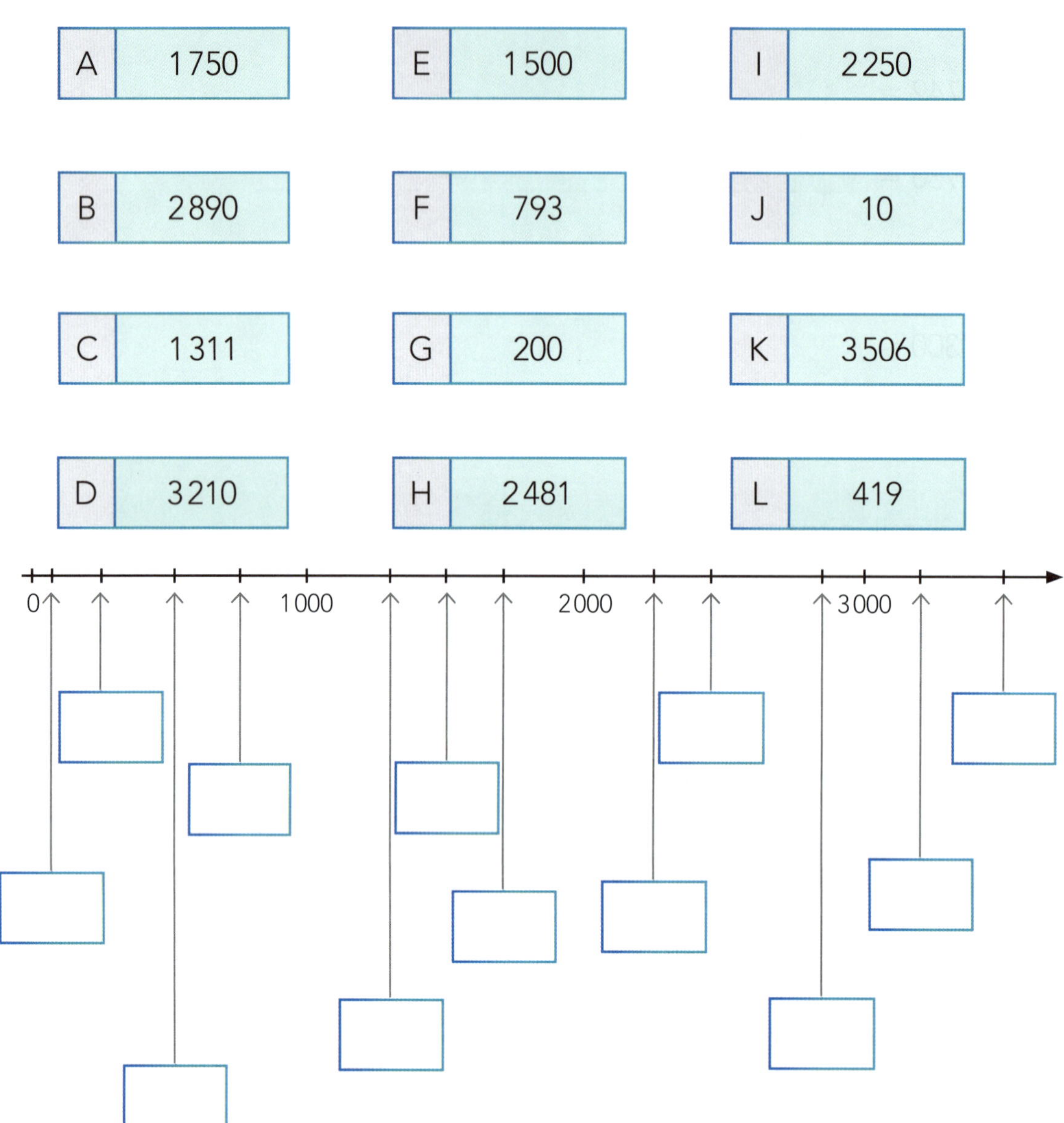

12 Compare os números colocando > (maior do que), < (menor do que) ou = (igual a).

a) 3806 ☐ 3608

b) 4433 ☐ 3344

c) 989 ☐ 1002

d) 3476 ☐ 3476

e) 508 ☐ 5008

f) 7285 ☐ 5827

13 CÁLCULO MENTAL

Pense na sequência dos números, descubra mentalmente e registre.

a) 2641 − 3 = ____________

b) 4998 + 4 = ____________

c) 7000 − 2 = ____________

d) 4627 + 200 = ____________

e) 2000 + 6506 = ____________

f) 9835 − 1000 = ____________

g) 2 × 3500 = ____________

h) 8200 ÷ 2 = ____________

14 CAÇA-NÚMEROS

Descubra os números e registre-os nos quadros coloridos.

2000 + 700 + 8	
Sete mil, duzentos e oitenta	
2080 − 2	
7000 + 200 + 8	
Oito mil e vinte e sete	
7078 + 4	
8 centenas e 3 dezenas	
8000 + 700 + 20	

Agora, localize cada número determinado e pinte seu quadrinho com a mesma cor que aparece acima.

803	7280	2087	8027	2780	8720	7208
2078	8072	830	7028	2708	7082	8702

15 Qual é a história infantil favorita de Bruna?
Vamos descobrir?

- Inicialmente, efetue mentalmente e registre os resultados das operações abaixo, nesta ordem: **a**, **b**, **c**, **d**, **e**, **f**.

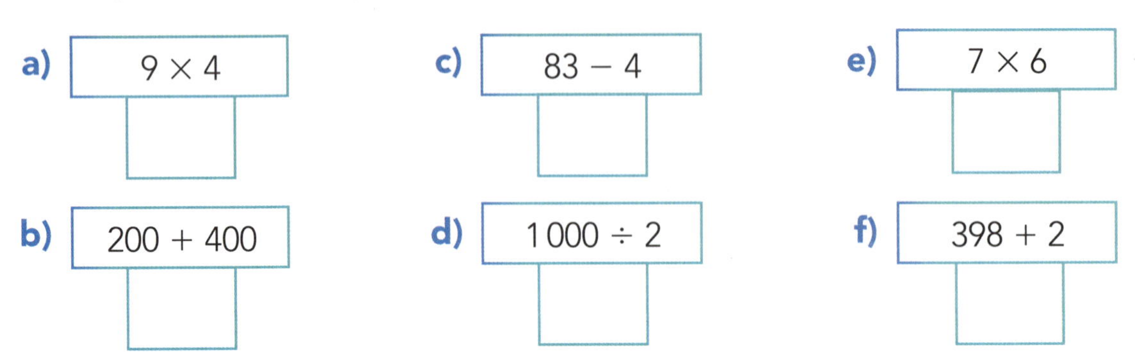

- Agora, siga os resultados na ordem acima, vá pintando o trajeto, e no final você descobrirá qual é a história infantil favorita de Bruna.

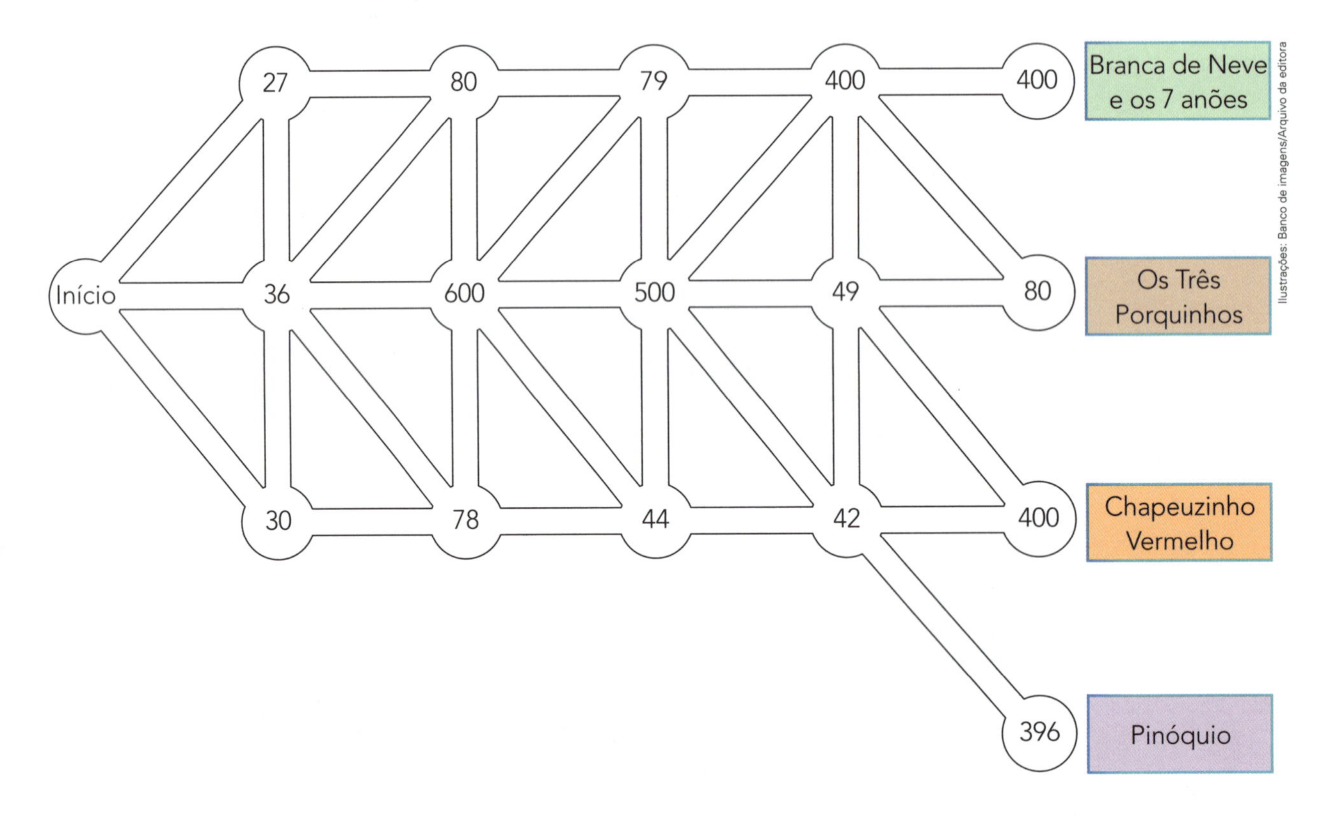

- Finalmente, escreva aqui qual é a história infantil favorita de Bruna.

____

- E você, conhece essas histórias? Entre as que você conhece, escreva aqui qual é a sua favorita.

____

16 O metro e o quilômetro são unidades de medida de comprimento. Complete com o número e depois usando os símbolos das unidades de medida, como no exemplo.

1 quilômetro = 1 000 metros (1 km = 1 000 m)

a) 4 quilômetros = ____________ metros (______________________)

b) 1 quilômetro e meio = ______________________ metros

(1 km e meio = ______________________)

c) 7000 metros = ________ quilômetros (______________________)

17 Analise os números nos quadros.

3 865	6 133	426	6 090	5 112
7 008	3 858	4 000	6 085	2 790

- Agora, separe-os em 3 grupos:

a) os menores do que 3 860 ⟶ __________, __________ e __________.

b) os que ficam entre 3 860 e 6 086 ⟶ __________, __________, __________ e __________.

c) os maiores do que 6 086 ⟶ __________, __________ e __________.

- Finalmente, responda considerando os números dos quadros.

a) Qual é o maior de todos? ______________

b) Qual é o menor de todos? ______________

c) Qual tem três algarismos iguais? ______________

d) Se todos forem colocados na ordem crescente, qual será o 6º número da sequência? ______________

18 TESTES

Assinale com **X** a alternativa correta.

a) Analise a frase:

"No 3º Festival de Teatro Infantil compareceram 2130 espectadores".

Os números 3 e 2130, nesta frase, indicam respectivamente:

- [ ] ordem e medida.
- [ ] código e contagem.
- [ ] medida e código.
- [ ] ordem e contagem.

b) Observe os preços. Juntos, o *tablet* e a TV custam:

- [ ] R$ 2250,00.
- [ ] R$ 3150,00.
- [ ] R$ 3500,00.
- [ ] R$ 1215,00.

As imagens não estão representadas em proporção.

c) A diferença entre o preço da TV e o preço do *tablet* do item **b** é de:

- [ ] R$ 150,00.
- [ ] R$ 1150,00.
- [ ] R$ 850,00.
- [ ] R$ 215,00.

d) Pedro tem 11 notas de R$ 100,00. Ana tem a metade da quantia de Pedro. Então, Ana tem:

- [ ] 550 reais.
- [ ] 500 reais.
- [ ] 450 reais.
- [ ] 400 reais.